ジャガーに逢った日

山川健一・文　小川義文・写真

Jaguar Cars

二玄社

Jaguar Cars

ジャガーに逢った日

山川健一・文　小川義文・写真

二玄社

ジャガーに逢った日

r Cars

装幀・本文デザイン
笹川寿一＋佐藤悦美（Kotobuki Design）

ジャガーに逢った日　もくじ

はじめに／かならず二度出逢う自動車

人は、ジャガーという自動車に二度出逢うのだと思う。

最初は、何かのきっかけでその存在が気になった時に。それは、子供時代に見た雑誌のグラビアページにおけるEタイプかもしれないし、人生の先輩が乗っていたＸＪかもしれない。いいクルマだな、いつか乗ってみたいな。そう感じた時が、最初の出逢いだ。

ここまでは、他のクルマだって事情は同じだろう。だが二度め以降の出逢いの事情が、ジャガーの場合は特殊なのだ。

Eタイプに憧れた子供が、大人になって免許を取得する。自動車を一台購入しようと考える。あるいは何台かのクルマを乗り継ぎ、そろそろクルマを替えようかなと思う。そうだ、少年の頃ジャガーに憧れたものだよなと思い出す。

さすがにEタイプはもう探しても見つからない。ＸＪかＸＫを買えばいい？　だが、事はそう簡単には運ばないのである。ジャガーというクルマは、免許があり購入資金が工面できたからと言って手に入れられるクルマではない。

多くの自動車好きが「いつかはジャガーに乗りたい」と思っていることだろう。だが、それはあくまでも「いつか」なのであって、「今」ではない。なぜか？　それは、ジャガーという存在にふさわしい人間に自分がなっているかどうかということが問題となるからだ。

ジャガーとは、そういう不思議な存在だ。

そんな自動車は、きっと他には存在しないだろう。

ポルシェにしろアルファロメオにしろ、メルセデスやシトロエンやプジョーにしろ、乗りたいと思った時に買えばいいのだ。９１１のようなスポーツカーなど、むしろ背伸びして乗るほうがカッコがいいのではないかとぼくは思う。

だが、ジャガーばかりはそういうわけにはいかない。

ぼくも、六十歳になったらＸＪを買うのだと決めていた。それまでに、ジャガーにふさわしい男になっていること。そんなふうに努力する人生は悪くないなと思ったのだ。きっと、そう考えている男達は少なくないだろう。

だが多くの男達は、自分が設定した目標値の遙か手前で、ジャガーを手に入れることになる。人生で成功したり、大きな失敗をおかしたり、誰か大切な人と出逢ったり、きっかけはさまざまだろう。とにかく何かが、あるいは誰かが彼の背中をそっと押すのだ。

「もうそろそろ、いいんじゃないかな。ジャガーを買いなよ」

それが、ジャガーというクルマとの二度めの出逢いである。

ぼくの最初のジャガーとの出逢いは、子供の頃雑誌で見たＥタイプだ。そいつは、スターシップぐらい遠い場所にあるように思えた。次の出逢いは、ピンク・フロイドのアルバム〈Wish You Were Here〉のなかの〈Welcome To The Machine〉という曲を聴いた時だ。このなかに、ジャガーを愛する堕落したロックスターが登場する。

He always ate at the steak bar

He loved to drive in his Jaguar
So welcome to the machine
〈Welcome To The Machine/Pink Floyd〉

この〈Wish You Were Here〉というアルバムを何度聴いたかわからないが、〈Welcome To The Machine〉で描かれるマシンとは、ぼくのイメージのなかではいつでもジャガーなのだった。ピンク・フロイドはぼくにジャガーの新しい、豊かなイメージを与えてくれた。

そして結局、ぼくは四十七歳でジャガーSタイプを買った。予定に較べ、十三年ものフライングである。フライングしてよかったと思っている。この本は、なぜフライングしてよかったのかということを書いた本だ。

世界は、加速度をつけて変化している。ジャガーも変わった。その新しい世界の一端を、読者であるあなたと分かち合えたなら、と心から願っている。

1章
リヴァプールで誕生した少年

X-type

Y247 CDU

ジャガーXタイプのイメージ。

それは、真夏の海から砂浜にあがってきた水に濡れた少年。

イギリスの田舎町の、人気のない砂浜だ。まだ陽に灼けていない白い肌の彼は、濃紺の水泳パンツをはいている。

あるいは、遠い少年の日の記憶。

海があり、そいつは水平線の向こうで空とひとつに溶け合っている。少年はその光景に、初めて永遠というものを感知するのだ。

堅く、純粋な彼は、小さな胸の奥底に海という巨大な存在への怖れと憧れのふたつを同時に秘めている。母親的なものと父親的なもの、それらの庇護から短い間自由になり、海に向かう時。彼のなかには意志が芽生える。

いずれにしても、ジャガーの新しいモデルであるXタイプは、少年と海のイメージを色濃くまとっている。ぼくには、そんなふうに感じられる。豊かで深い海の色。イギリス取材で出会った試乗車が、そんな色だったせいかもしれない。

Xタイプの名前で呼ばれることになった一人の少年は、今まさに走りはじめたところだ。

無限に向かって、彼は腕を振る。

海と空が、ひとつの意志の誕生を祝福するだろう。

少年は走る。自由の感覚を胸に秘めて走る。だがやがて、彼は知るだろう。自らの肉体を、ジャガーの血統に属する血液が流れていることを。

少年の母親はＸＪ。父親は、もしかしたらＸＫ。

少しばかり年上の兄がＳタイプ。

彼はまぎれもなくジャガーファミリーの一員なのだ。

この新型コンパクトスポーツサルーン、Ｘタイプは、歴代のジャガーとしては初めてＡＷＤ（全輪駆動）を標準装備した。これまでのどんなジャガーにもないまったく新しい、コンパクトでスポーティな運動性能が実現されている。

エンジンは２・５リッターと３・０リッターの２タイプだ。２・５リッターのほうに、この本の取材のためにイギリスで乗った。

ジャガーＸタイプは、これまでのどんな自動車とも違っていた。そいつのステアリングを握る時、スロットルペダルを踏み込む時、今まで一度も使ったことのない脳の回路に信号が流される気がした。

フェラーリやアルファロメオなどのイタリアの自動車は、官能を刺激する。

シトロエンやプジョーなどのフランス車は、大人の恋愛を演出するのが得意だ。

ポルシェやメルセデスなどのドイツ車は、頑強なマシンそのものだ。

では、ジャガーは？　ジャガーという自動車は、ある種の男学のために存在するのだとぼくは長らく思ってきた。

男のダンディズムを演出するクルマ。

ひとりになった男が、自己という存在を見つめる場所。

Y247

翼を傷つけた男達が、自らを癒し、もう一度走りはじめるためのツール。

男学というものがあるのかどうか、ぼくは知らない。だが、男学という名前のついた本なら、何冊か見たことがあるような気がする。そしてぼくはこの頃、確かにわれわれにはそういう思考回路が必要なのかもしれない、と思うようになった。死ぬまでロックキッズだろうと思っていたぼくにとっては、大きな変化だ。

べつに、古色蒼然とした男の美学というものを肯定しようとは思わない。やせ我慢なんて無駄なことだと思うし、威圧的・権力的な男達は嫌いである。

あるいは、男らしさとか男の子でしょうとか、男という単語が形容詞的に使用される場面に出くわすと「フザケンナ!」と思う。

だが、こんな時代だ。男が男として生きていくのはなかなかたいへんだ、ということが身に染みるのである。どうすりゃいいんだい、とため息をつくこともしばしばだ。そんな時、自分のなかの男学を磨くためにクルマのことを考えてみるのは有効なことなのではないだろうか。そんな漠然とした想いが、ぼくをジャガーに惹きつけたのだと思う。

ユニセックス化が進行している。少年達がすね毛の処理をし、コロンを使用し、眉毛を整えている。高校野球の球児達の眉が細いのを見た時には、さすがに驚いた。

しかし、今の少年達のことをあれこれ言う資格は、ぼくにはない。昔は駅のトイレに入るたびに「なんだよ、男かよ。女かと思ったよ」と、年輩の人に言われたものだった。

考えてみれば、スウィンギング・ロンドンと呼ばれた一九六〇年代のイギリスのファッションも、一九七〇年代のアメリカ西海岸のヒッピーカルチャーも、みんなユニセックスだった。

だが、こうした性差の消滅に、加速度がついているというか、ターボチャージャーが効いてきた気配である。時代の大きな流れとして、人類は性差を失いつつある。そんな気がしてならないのだ。中学生ぐらいの女の子達の多くが自分のことを「ぼく」と呼んでいる。メールの交換をしていて、「ぼく」と書いてくるから相手は男性だと思いこみ失敗したことは一度や二度ではない。

ぼくは別に、性差の消滅傾向を嘆いているわけではない。

ただ、男というものは意識的な生き物だと思うのだ。アダムのあばら骨からイヴが生まれたというのは嘘で、生命体として完全なのは女のほうである。女の肉体には、無駄なものが何ひとつとして存在しない。男は、生涯使用する機会のない乳首をふたつもっている。まあ、趣味の問題として使う場合は別だが。

いずれにせよ男こそが第二の性なのであって、ぼくらは常に男という性を意識することのなかでかろうじて男たり得ているのである。典型的なのはセックスで、男が自分を可能な状態にさせるためには意識的な操作が必要だ。

ジーンリッチ・テクノロジーがここまで進歩してきた今、女の人達は男の存在なしに子供を産むことができるのだ。

実に曖昧で壊れやすい性。それが、男という性なのだと思う。

ぼくは考える。これからたとえば六十歳までを、男としてどんなふうに生き延びていけばいいのだろうか、と。

Y247 CDU

「六十歳になったらＸＪを買う。それまでに、ジャガーにふさわしい男になっていること」だからそれは、ジョークであることを少しばかり超えていて、なかなか有効なアイディアではあったのだ。ジャガーに、多くの男達はそういうものを求めてきたのではないだろうか？

今の若い人達がどうなのかよくわからないが、ぼくらは皆少年時代にクルマに憧れ、大人になってからその憧れを実現することに喜びを感じてきた。そしてジャガーこそは、男学入門のために最適な自動車なのではなかったろうか。

だが、イギリスで出会ったＸタイプは、そんなぼくの期待を気持ちよく裏切ってくれた。Ｘタイプは、すっきりと前を向いている。洋服で言うならナチュラルショルダーのジャケットだ。Ｘタイプは恋愛や性や社会的な属性なんてまだ関係のない少年時代を喚起するのだ。こんなクルマを、ぼくは他に知らない。

少年の心を保有したジャガー。

それが、Ｘタイプだ。

イギリスの取材旅行に出発したのは、二〇〇一年六月十四日の木曜日である。メンバーは、自動車雑誌「ＮＡＶＩ」創刊時の編集長だった大川悠氏、写真家の小川義文氏と小川事務所の佐藤俊幸君とぼくの四人だ。

Ｓタイプに乗りはじめてからまだ半年しか経っていないぼくと違い、大川悠氏と小川義文はジャガー通である。大川悠氏は言うまでもなく日本の自動車ジャーナリズムを代表される方だし、ぼくの同年代の友人である小川義文はデイムラーを含めて二台のジャガーを乗り継いだ経験の持ち主だ。今回の旅では、ふたりがジャガー偏愛学の講師を勤めてくれた。

成田空港で落ち合った大川悠氏は、ThinkPadでインターネットにアクセスしていた。十一時五十五分発スカンジナビア航空９８４便コペンハーゲン行の飛行機に乗り込む。シャンパンを飲み、離陸直後に眠りについた。

夕食をパスして寝ていて、朝食の時に目を覚ました。ロシア経由なので、サンクトペテルブルグを過ぎ、やがて右の窓の下にスウェーデンのストックホルムの街が見えてきた。飛行機は下降しはじめ、デンマークの首都コペンハーゲンに到着。

ここでトランジットして、マンチェスター行の飛行機に乗り換えるのだ。マンチェスターはジャガーの創業者であるウィリアム・ライオンズが、学校を卒業と同時に自動車見習い工として働きはじめた街である。

コペンハーゲンの空港は基本的にアナウンスがないので静かだ。ビジネスラウンジは白木の北欧家具が置かれ、ビジネスマンふうの人々が皆ネットにアクセスしている。壁にはＬＥＧＯ（デンマーク製の組立式玩具）の部品が飾られ、空港のあちこちに灰皿が置いてあって煙草が吸える。なんだか、未来空間に迷い込んだような気分である。

時代は変わったのだな、とぼくは実感した。今やコンピュータとインターネットの存在なしに人々の生活は成立しない。Ｘタイプは、そんな時代のニューモデルである。期待と不安が、ぼくのなかで錯綜していた。

Y247 CDU

2.5

マンチェスターまでは二時間半ほどのフライトで、空港に着くと六月だというのに肌寒い。ジャガーのスタッフが二台のXJで迎えにきてくれていた。XJは、後部座席でもさすがに乗り心地がいい。ジャガーと言えば多くの人々がこのXJシリーズを想起するだろう。

そんなXJのゴージャスなテイストを確認しながら、ぼくはまだ見ぬXタイプのことをいろいろ想像していたのだった。

小一時間ほど走って、ローマ帝国時代の城塞に囲まれた街、チェスターに着く。Chestergrosvenor (www.chestergrosvenor.co.uk) という旧くて立派なホテルにチェックインしてすぐに、ホテルに隣接したパーキングに届けられていたXタイプを見にいった。パシフィック・ブルーの2・5SEだ。写真でしか見たことがなかったクルマが、目の前にある。

硬質な、宝石のような美しさを、その目の前のクルマは持っていた。そう、Xタイプはその他のどんなジャガーよりも硬いイメージがある。

フロントは、今し方まで乗っていたXJを彷彿とさせる。ボンネットの生命観のある曲線、独特なフォルムを持ったヘッドライト、エアインテークの形状など、XJをシャープにした印象だ。

そしてリアは、ぼくが東京で乗っているSタイプに似ている。ルーフからリアへのラインなど、Sタイプそのものだと言っていいほどだ。二台並べてリアをこちらに向けていたら、とっさにどちらがXタイプかわからないかもしれない。

つまり彼は、予備知識のない人が一目見てジャガーだと認識できるフォルムを持っている。だが、それでいながら明らかにXJともSタイプとも異なるオリジナリティを主張しているのだ。

Ｘタイプは ＸＪが平べったく、Ｓタイプがずんぐりしているのに較べ、シャープだ。不思議である。うーん、ほんとうに不思議だ。ぼくは、しばし無言のままその場に立ち尽くしてしまった。手品を見せられているような気分だ。

大きさは、単なる印象批評で言えばローバー75と同じくらいだろうか。

ドアを開けて、ドライバーズシートに腰かけてみる。

内装はサンドやタンではなく、黒っぽいチャコールのレザー仕様だ。ちょっと意外な感じがする。メイプルウッドのメーター周りに似合うのはサンドやタンやアイボリーだという印象があったからだ。あるいは単に、自分が乗っているＳタイプの内装がサンド……つまり薄茶色なのでそう感じただけかもしれない。

ルームのデザインも、ジャガー共通の雰囲気を持っている。ＸＪやＳタイプのルームをそのままコンパクトにした感じだ。優雅で、伊達で、だが決して華美ではない。多くの人々に愛されてきたジャガー・ワールドが、そこにある。

ステアリングの中央には、見慣れたマークがあった。ジャガーが大きな口を開けて吠えている、あのエンブレムだ。ぼくがジャガーでいちばん好きなのは、誤解を恐れずに言うならばこの下品さである。ヤンチャと言ってもいい。

あるいはぼく流に解釈すると、こういうのをロックしていると表現する。

どんなに取り澄ましていても、ゴージャスであろうとも、その走りがあくまでも優雅であろうと、ガオッと吠えるジャガーのエンブレムをつけている限りこのクルマは下品でヤンチャでロックして

Y247 CDU

いるのだ。

そこが、最大の魅力である。

ジャガーをベントレーやロールスロイス、あるいはメルセデスやキャデラックと隔てるテイストが、ここにある。そしてXタイプのステアリングについたそのマークを見て、ぼくはなぜだかほっとしたのだった。

ご存知のようにジャガーという自動車メーカーは、一九二二年に弱冠二十一歳の若きオートバイマニア、ウィリアム・ライオンズが友人のウィリアム・ウォルムズレーとともに、イギリス北部の海辺の町、ブラックプールでスワローサイドカー社を創業したことにはじまる。彼らが手がけたアルミパネルを組み合わせた流線型のサイドカーは、飛行船を思わせるシャープでモダンなスタイリングによってまたたく間に一世を風靡することになったのだ。

何かの本でハーレーダビッドソンにまたがる若き日のウィリアム・ライオンズの写真を見たことがあるが、なかなかハンサムな人だ。

だが、ライオンズが作ったジャガー。

ライオンのジャガー？

それって、なんか変だ。その変なところが素敵だとぼくは思うのだ。

イグニッションキーを回し、エンジンをかけてみる。V6のサウンドは、静粛だ。だが鉄とコンクリートに囲まれたパーキングの空気を、心地よく震わせた。二、三度スロットルペダルを踏み込むと、小型のジャガーが吠える。

明日からのツーリングが楽しみである。

さて、少し脱線。

部屋へ行くと、カードキーが壊れている。最初はカードのほうかと思ったのだがそうではなく、ドアに取り付けられたカードリーダーのほうが壊れているのだ。ホテルの若い女性がドライバー片手にさんざんトライするのだが、直らない。

「ドアを開ける時には私に声をかけて。二十四時間、いつでもいいから」

マジかよ？　というわけで、外出して部屋に戻るたびに彼女に開けてもらうことになった。これってついてるのか、ついてないのか。

チェスターはリヴァプールからクルマで一時間ぐらい、ピーター・ラビットで有名な湖水地方へも二時間ほどで行ける位置にあり、観光の拠点になっているのだろう。

ぼくらが宿泊したChestergrosvenorというホテルは貴族の屋敷を改造したものだ。この街の建物は、大きな太い柱の間を漆喰で埋めるというスタイルで、チューダー様式のひとつなのだそうだ。

これはチューダー朝時代に流行った英国の芸術様式で、特に建築様式をいうらしい。後期ゴシックからルネサンス様式への過渡期の様式で、垂直様式にゴシックのなごりがあり、細部の装飾にはルネサンスの影響がみえる。

つまり、旧いものと新しいもののハイブリッドなわけだ。

ちょっと歴史のお勉強。チューダー朝の始祖はバラ戦争の勝者だったヘンリー七世で、この頃英

THE
CHESTER
GROSVENOR
JAGUAR
X-TYPE
Y247 CDU
2.5

DIXON WEBB
01244 310031
ERECTED AT THE EXPENCE
Y247 CDU

国絶対主義が成立し、二代目のヘンリー八世のもとで王権が強化され、宗教改革により英国国教会が確立する。

そして、ウェールズが統合された。

有名なエピソードとしては、無敵艦隊を破りスペインから海上覇権を奪ったことだろうか。

ぼくが驚くのは、そんな時代の建築物が今もなお残されている、ということだ。十八世紀と言えば、日本はまだ室町時代である。そんな時代の建物が修復されながらまだ維持されている。街そのもの、国そのものが、歴史的な建造物の集積なのだ。

今さらながらに、ジャガーという自動車が、こういう国から生まれたのだという事実を噛みしめないわけにはいかなかった。日本にだって旧い建築物はあるが、それらの多くは神社仏閣なわけで、日常的な生活空間は新しい。

イギリスに限らず、ヨーロッパを旅するたびに思うのだが、こんな旧い石の街で暮らしていて彼らは息がつまらないのだろうか？　いや、実際、「たまらないぜ！」と思った人達がいて、だからミニスカートやブリティッシュ・ロックが生まれたのだ。

そもそも、ジャガーの出自にしたってそうだ。

サイドカーで成功を収めたライオンズ達は、オースチン・セブンのための特別なボディを製造するチャンスを得た。一九二七年にスワローコーチビルディングカンパニーを設立。サイドカーから車のコーチビルダーに転身し、当時としては極めてスタイリッシュな2シーターボディを制作したのである。ロンドンの大手ディーラーからも五百台の注文が舞い込み、このディーラーのためにライオンズは4シーターのボディも設計した。

こうして、当時のいわばベンチャービジネスに成功したのである。

だが野心家のライオンズはボディを制作するだけでは満足できなくなり、密かに独自のモデルを発表する準備を整えるのだ。そして一九三一年、6気筒のSS1および4気筒のSS2をロンドン・モーターショーで発表する。

美しいものは売れる、というのがライオンズの信念だった。だから彼が手がけるものは、サイドカーにしてもSSシリーズにしても、美しかったのである。

このSSシリーズが世間に発したセールスコピーは、大川氏に聞いた話では、〈ベントレーが三分の一の値段で〉というものだったのだそうだ。

スタンダード社のファミリーサルーンのシャーシーとエンジンを使用し、今見てもギョッとするような豪華な2シーターボディを与えられたのがスタンダード・スワロー、すなわちSSシリーズだった。つまり、SSというのは最初はカッコだけの自動車で、中身は外見に伴わなかったのである。その中身を磨いていき、本物になっていく過程がジャガーの歴史なのではないだろうか。

あるいは見方を変えれば、ジャガーとは本物の貴族に憧れ、それを完全に模倣することを自らに強いたイギリスの新興勢力、ジェントルマン達のクルマなのである。彼らは努力し、やがて本物になっていったのだ。

今のジェントルマンというのは、礼儀正しき教養人というような意味だろう。だが、その語源のニュアンスはちょっと違う。

Y247 CDU

ジェントルマンというのは、中世末期以降のイギリスで大きな政治的、経済的役割を果たした社会層のことを指したのである。大多数は身分的には貴族ではなく庶民だった。正確にはジェントリ（gentry）と言い、大地主や開業医、法律家、聖職者や富裕な商人などがいた。

十六世紀の宗教改革における修道院解散後の一世紀が、貴族が衰退しジェントリが勃興していった時期である。この時期にイギリスの支配社会層の交代がすすみ、ジェントリが近代イギリスの担い手として実権を握ったのだ。

やがてジェントリには地主以外に、国教会聖職者や法廷弁護士、医者などの専門職も含まれるようになり、さらに商工業の分野で富を蓄えたものが土地を購入してジェントリと認められるようになっていく。ジェントリという言葉は本来の身分階層的概念を失っていき、ジェントルマンという言葉のほうが一般的になっていくわけだ。

いずれにせよ、ジェントリもジェントルマンも貴族ではなく庶民である。出自が庶民だから、貴族以上に礼儀やマナーにこだわったのではないだろうか。たとえば女性との接し方や、ナイフとフォークの使い方に気を配った。そこに、イギリス式の新しい美学が誕生した。

ジャガーとは、そんなジェントルマン達のクルマなのだと思う。

ビートルズのメンバーがなぜ勲章を受け取ったのか。それは、彼らが社会の最下層から這い上がった新しいジェントルマンだったからだ。

ジャガーという自動車はなぜ多くのクロームとウォールナットのウッドパネルを使用し、上質感を演出することに徹底的にこだわってきたのか。それは、ジャガーがジェントルマンのクルマだからではなかったろうか。

新しいジャガーがリヴァプールで生産されるということにも、ぼくは何か因縁めいたものを感じる。小さなXタイプは、ぼくのようなロックフリークにとってはビートルズそのものだ。

ジャズやクラシックの音楽家に較べれば、ロックなんてただのまがい物にすぎなかった。演奏も下手だし音楽的教養もないし、でも「ワオッ！」と心の底から叫ぶその音楽はカッコよかったのだ。だから人々の心をつかむことに成功した。

その後ビートルズのメンバーは、それにストーンズやキンクスやフェイセズのメンバーは、血の滲むような努力を積み重ねて本物の音楽家になっていった。今では、ロックはただの騒音で音楽じゃない、なんて言う人はいないだろう。ジャガーは偽物だなんて言う人もいないだろう。いろいろな意味で、ジャガーはロックライクな自動車なのだとぼくは感じる。

というわけで、ぼくはジャガーXタイプで雨が降りしきるなか、ビートルズを生んだリヴァプールを目指すことにする。


チェスターからモーターウェイを避け、一般道でリヴァプールへ向かった。

エンジンをかけて走り出した瞬間、胸が躍る。

少し走ると、堅いなと感じた。

前日の夜後部座席で感じたXJや、東京で乗っているSタイプに較べると、サスペンションやボディ剛性やステアリング・フィールなどが、堅いのだ。四輪駆動だしボディサイズが小ぶりではあ

MPH
AIRBAG
A/B
RESET

AIRBAG

るが、そういうことを超えて、その走りはデザイン同様硬質なイメージがある。

ぼくは、ちょっと戸惑った。

メルセデスCクラスやBMW3シリーズと真っ向から戦うためにジャガーが開発したクルマだから、こうなったのだろうか？　舗装の粗い英国の路面を走っていくと、広報車の空気圧が高かったせいか、P6000が伝える音も気になった。

素晴らしいクオリティなのだが、ジャガーっぽさがない。いやいや、そんなことはない。外観と同じように、走りのテイストはジャガーそのものだ。だが、何かが違う。

Xタイプを走らせながらそんなことを真剣に考えていて、だが、ふと我に返って苦笑してしまう。ストーンズのニューアルバムがリリースされたとか、マッキントッシュの新しいPowerBookが出たとか、ジャガーのニューモデルに試乗するなんてことになると、必要以上に真剣に考えてしまう。

「ストーンズもマックもジャガーも、おまえが考えているレベル以上のものは出してきているに決まってるんだからそこまでマジになるなよ」と自分に言ってみる。

性格の問題だからしかたないのかもしれないが、いくつになってもこの癖は直らないのだ。

だが今回は、ぼく以上に笑っちゃうくらい真剣に思考している人達がいて、Xタイプについて各人が感想を述べ続けることになる。それは、後で思い出すと実に幸福な時間だったような気がするのだ。

「イギリスは路面が荒れてるし、空気圧も高いから、東京で乗ってるのとは違うんだよ。うん、これはジャガーっぽいよ」

大川悠氏がそう言う。

「しばらく乗っていると、やはり従来のジャガーにちがいない味だよね」

そう言うのが小川義文。

ジャガーっぽさ、ジャガーの味。それをうまく表現できるかどうか自信はないのだが、ジャガーの良さはポルシェやBMWとは違い、伊達で華奢なボディでルーズに走っていくその味わいにあるのではないかと思う。ゆったりした気分で乗れて、ステアリングもそんなにシャープではなく、あたかも船でクルーズするように路面を走っていく。

船が波を越えるように、路面の荒れをクリアしていく。それをエンスー達は「ジャガーの猫足」と表現してきたのだ。ドイツ車のようにボディ剛性が高いわけではなく、その肢体はしなやかだ。だから人々はジャガーをビッグ・キャットという愛称で呼んできたのだ。

ボディ剛性よりも気分を。

スペックよりもテイストを。

それがジャガーというクルマの特性であり、「猫足」とはサスペンションばかりではなく、それがトータルで表現するジャガーの素晴らしい味わいのことだ。

だがXタイプはボディ剛性がしっかりしている。あるいは、硬質な走りを演出すべく、トータルなセッティングがなされているのだろう。そもそも、こいつは四駆なのだ。そこに、新しさを感じないわけにはいかない。

Xタイプは巧みに四輪の動きをコントロールしている。雨のイギリスを走る時に、やはり四輪駆

Y247 CDU
2.5

動は頼もしい。サスペンションのストロークは充分にあり、ダンピングは適度で、オートマティックトランスミッションは実に見事でシフトチェンジする際のショックを感じさせない。つまり、非常に優秀でクオリティの高い走りを見せてくれる。

　何よりも素晴らしいと感じたのは、ステアリング・フィールだ。ジャガーのステアリングは概して軽いと思うのだが、Xタイプのそれはシャープで自然だ。切るに従って路面の状況が両手に伝わってくる。四駆なので通常では四〇％の駆動力を前輪が負担し、六〇％が後輪に分配される。濡れた路面で加速する時などに後輪が空転しそうになると、より大きな駆動力が前輪に与えられることになる。だがXタイプのステアリングは、あたかもよくできた後輪駆動のように自然な感覚だ。

　Xタイプは、紛れもなくジャガーの走りを走っている。両親や兄貴より、むしろ出来がいいくらいだ。従来のジャガーにはない新しさがある。

　こいつは少年のマインドを持っているのだ。少年は、過去ではなくいつだって未来を見ているものだ。おそらく近い将来、このXタイプのFFバージョンやエステートが市場に投入されるだろう。スポーツカーのFタイプが開発されているという話もある。そいつはXKよりずっと小さなスポーツカーだ。となると、そのコンヴァーチブルも出るのではないだろうか。想像するだけで鳥肌が立ってくる。

　ジャガーでは、今後数年間にバリエーションを含め、実に十四種類のモデルを発売するとアナウンスしている。これらのラインナップで、現在年産十万台のレベルを一気に二倍に引き上げ、年産二十万台の企業に成長する。それが、ジャガーの二十一世紀戦略なのだ。

Xタイプは、そのトップバッターだ。

そういう意味では、Xタイプはジャガー自身によるジャガーの批評なのだ。ジャガーと呼ばれてきたもののなかの何を残し、何を葬るのか。

このコンパクトなジャガーは、従来のジャガーに較べて実にシャープでアグレッシヴだ。

「六十歳になったらジャガー？　冗談はよしてくれ。今あんたは、この場で戦うべきだ」

彼が、そう主張しているような気がした。

だが、それでも少年の体にはジャガー一族の血が流れている。

なるほどなあ、とぼくは一人で納得したのだった。

XJやXKは、旧き良きイギリスの伝統を今も保持している。だが、それだけでは、他の素晴らしい自動車達のように、ジャガーはこの地上から姿を消していく運命を辿るかもしれない。あるいはクラシック音楽やジャズのように、一部の愛好家のための存在になっていくしかない。ジャガーは高価な自動車でもあり、そういうクルマを必要とする層は限られているからだ。

Xタイプは、日本での価格は四百二十五万円からである。まったく新しい若い世代をターゲットに想定した、新しいコンセプトのジャガーなのだ。Xタイプが底辺を支えることによってジャガーワールドは生態系を確立した。BMWやメルセデスのように、ジャガーもこれでごく普通の自動車会社としての戦略を立てることができるようになったのだ。新しいXタイプが、XJやXKが表現するイギリスの上質なテイストを支えていくことになるのだろうと思う。

Xタイプの登場は、後にジャガーの歴史を振り返れば、XJの登場以上に重要な出来事として語

られるようになるだろう。

リヴァプールにも雨が降っていた。

以前訪れた時は『ブリティッシュ・ロックへの旅』(東京書籍)の取材で、旅の友はレンジローバーだった。今回はジャガーXタイプ。それから、前回はコーディネーターのスティーヴがいっしょだったのだが、今回彼はいない。そんなわけで、どっちへ行ったらいいのかよくわからない。バスしか入ってはいけない場所に入ってクラクションを鳴らされたり、なかなかたいへんだ。こっちが運転でたいへんな時に、写真家の小川義文の助手である佐藤君が言う。

「『ブリティッシュ・ロックへの旅』に、〈リヴァプールを訪れることはもう二度とないだろう〉って書いてありましたよ」

「え、マジ?」と、ぼく。

小川義文が笑っている。

「そういうこと書くと、絶対にまた来ることになるんだって」

「山川さんがまた来たいって言うからリヴァプールを選んだのに」

そうおっしゃるのは大川氏である。

はい、はい、はい。

Xタイプはリヴァプールの工場で生産され出荷されるわけで、それってビートルズみたいだなとぼくは思ったのだ。

リヴァプールは港町で、前に来た時にはずいぶん荒んでいた。あちこちにコンドームやドラッグを入れるセロファンの紙袋が棄ててあって、ビートルズのメンバーはこんな荒んだ街で育ったのか、と思ったら切なくなってしまった。それで、〈リヴァプールを訪れることはもう二度とないだろう〉なんて書いたんだろうと思う。

ところが、そんなリヴァプールがずいぶんきれいになっている。前は崩れかかった建物があちこちにあったのだが、今ではみんな修復されていて、壁もきれいに塗られている。ガラス張りのレストランやヨットハーバーなんかが並び、荒くれ男達がいっぱいの港町という感じではなく、瀟洒な別荘地という趣である。リヴァプールは、ウォーターフロントを中心に再開発が進んでいるのだ。

変われば変わるものだ。

そんなふうに美しく生まれ変わったリヴァプールに、きびきびと走る小型のジャガーはよく似合っていた。

道に迷ってあちこち走り回りながら、ぼくはなんだかほっとしたような、ちょっと淋しいような複雑な気分であった。

他国に先駆けて産業革命を経験したイギリスは自然を破壊し尽くして、公害を生んだ。それまでの農業社会から資本主義的工業社会への劇的な変化によって、人口が都市に集中し、イギリスは資本主義社会固有の荒廃に飲みこまれていった。かつての植民地が経済的にイギリスを圧迫し、大英帝国と呼ばれたこのヨーロッパの強国は急速に没落していった。

だが、〈クール・ブリタニア〉という発想によってイギリスは再生したのである。この国は、日本

Y247 CDU

HEAD ROOM
15' 9"

の二歩も三歩も先を行っている、とぼくは思うのだ。

ブリティッシュネスという言葉がある。

ブリティッシュネスは貪欲だ。そいつは、すべてのものを飲みこみながら前に進んでいく。過去の引用をチラつかせながら、あくまでも革新的な思想に貫かれている。だからこそ、ブリティッシュネスとはポリフォニックで、独創的なのだ。なかなかシッポをつかませない。

Xタイプは、そんなブリティッシュネスそのものだとぼくは思う。

Xタイプは、フォードのモンデオとある部分の部品を共用している。エンジン・ブロックや前半分のフロアパン、前のサスペンションの一部などがそうだ。新型モンデオと二〇％パーツを共用している。いわば、フォードとの共同設計みたいなものだ。

だからXタイプは高級車のジャガーではなく大衆的なフォードみたいなものだ、と言う人がいる。ぼくがSタイプを買った時にも、あれはジャガーの皮を被ったフォードなのだからやめたほうがいい、と言った人がいた。

そういう考え方が、ぼくは好きではない。ブリティッシュネスを侮ってはいけない。フォードとの共同開発とすることでジャガーは従来とは桁違いの開発費をせしめ、非常にクオリティの高いニュー・モデルを作ることに成功したと言うべきである。

翌日もまた、雨が降っている。

コヴェントリーを目指す。

ＸＪのドアを開けた時に見えるクロームのステップには、こう書いてある。

JAGUAR CARS COVENTRY ENGLAND.

コヴェントリーとは、ジャガーの本拠地でありイギリス自動車産業の中心地なのである。デイムラーもコヴェントリーで創業された。一九一〇年代には、五十を越えるメーカーがコヴェントリーにひしめき合っていたと言われる。

位置的にはイングランド中部、バーミンガムの東南東約三十㎞にある重工業都市だ。第二次大戦中の空襲で壊滅したが、その後復興し、現在では自動車ばかりではなく、航空機や電子工業などの中心地でもある。空襲では十四世紀の大聖堂も破壊されたが、一九六二年に再建されている。ウォリック大学がある。人口は、約三十万二千人だそうだ。

モータウェイＭ６に乗った。前を走るクルマの撥ねる飛沫が、波のように降りかかってくる。こんな時、正直言って四輪駆動だと自信を持つことができる。なんと言っても、レーンを高速で変更する際の安心感が違う。

実は、Ｓタイプで雨の高速道路を走っていた時に、いきなり左後部でバンッという大きな音がしてパンクしたことがある。トラクションコントロールをオンにしてたのがよかったのか、リアが大きくスライドするなんてことはなかった。Ｓタイプはほとんど挙動を乱すことがなく、ぼくはハザードランプを点滅させながら徐々に速度を落とし安全な場所まで走行し、クルマを止めたのだった。左リアのタイヤに、ナイフを入れたような傷があった。空気はもちろん、完全に抜けている。

ぼくはＳタイプのリアを撫でながら、おまえは凄い奴だな、と愛車を誉めてやったものだった。

Y247 CDU

JAGUAR
V6

しかしそのパンクの体験から、雨の日の高速道路走行にはどうしてもナーバスになってしまうのだ。その点、四輪駆動はいい。

JATCOの5速ATをJゲートの左側の4に入れたままにして走る。V6エンジンが、右足の操作にはビビッドに反応する。

このJゲートは、SタイプやXJにも共通で、ジャガーのJなのである。パテントの関係でギザギザ型が使えなかったので、それならいっそのことJでいこう……ということにしたらしいが、このJ型シフトはなかなか粋である。しかも、使いやすい。セレスピードなんかより、ぼくはずっと好きだ。

ただぼくは、東京でSタイプに乗る時もそうなのだが、下りのワインディング以外はスポーツモードを選んでDレンジに入れたままにしておく。左側でシフトするのは、マニュアルに較べれば切れ味が悪い。それに、このテクニックは大川氏に教えてもらったのだが、Xタイプのシフトは自己学習機能を持っているので自分で調教してやればいいのだ。

しばらくスロットル開度を大きめにして、キックダウンを意図的に効かして走っていると、すぐに過敏に反応するようになる。シフトショックはほとんど感じることがない。Xタイプのオートマティックトランスミッションは、かなり洗練されている。

こうやって、気分のいいステアリングを楽しみながら走行している分には、2・5リッター・エンジンでも充分なトルクだ。

ただスタート時の気分的なトルク不足を解消するためか、回転数が高めに設定されているようだ。

3リッターのSタイプに慣れた右足で不用意にスロットルを踏むとクルマはガッと前に出る。だが、これも半日で慣れるから問題はない。

コヴェントリーでM6を降りる。

カントリーロードが続く。自動車産業の中心地、イングランド中部の重工業都市、というイメージからはかけ離れている。イギリスという国は、きっと想像以上に懐が深いのだろう。

やがて、絵に描いたように美しいカントリー・ハウスに到着する。ぼくは初めてだったが、他のメンバーは何度か来たことがあるらしい。

ジャガー・カーズが賓客用にしばしば使う、マロリー・コートである。


緑に囲まれたパーキングにはSタイプやアルファロメオ、旧いフェラーリが駐車してある。

チェックインし、荷物を預けると小川義文がすぐに撮影をはじめた。ちょうど雨が上がっていたからだ。アシスタントの佐藤俊幸君が、てきぱきと動き始める。そんな撮影の様子を横で眺めているのが、ぼくは好きだ。非日常の空間が瞬時に創り出され、ぼくは心地の良い緊張感のなかで目の前のクルマを見ることができる。

シャッターが切られる乾いた音が周囲の空気を震わせる時、被写体であるクルマが輝き始める気がする。

すると、普段は気がつかなかった彼のフォルムや表情に気がついたりするのだ。

しばらく撮影の様子を眺めていたぼくは、そっとその場を離れる。花々が咲き乱れる美しいガー

Y247 CDU

デンを散歩し、その後は大川氏とワインを飲むことにした。つまみは二種類のオリーブで、ぼくは生まれて初めてオリーブの実を美味しいと感じた。

英語が得意な大川氏が、カントリー・ハウスの人と何か話しこんでいる。しばらくして彼女が持ってきてくれたのは、カントリー・ハウスの歴史が紹介されている小冊子だった。

この冊子によれば、この建物ができたのは第一次大戦の頃だ。その後一九三六年に、キャプテン・ジョン・ブラックの屋敷となる。ジョン・ブラックは、スタンダード・トライアンフの社主であった。先に紹介したように、ジャガーのSSシリーズはスタンダード社のファミリーサルーンのシャーシーとエンジンを使用したわけで、ジャガーとも因縁浅からぬ人物なのだ。

そのジョン・ブラックはやがて会社を追われ、この建物はスタンダード・トライアンフ社のヘッドクォーターとして使われることになった。

その後何度か持ち主は入れ代わり、七十年代からホテルになっている。

なるほどなあ、とぼくはワインで酔った頭で考えていた。このカントリー・ハウスが表現しているゆったりとした世界は、ジャガーというクルマがドライバーに与えるエモーションと共通している。それを一言で表現するならば、「旧き良きイギリス」ということになるだろうか。

マロリー・コートは、別に金持ちのためのホテルというわけではない。暖かな木の肌触りがあり、こぢんまりしており、清潔で趣味が良く花々が咲き乱れ、ピアノが置いてある。レイ・デイヴィスが作詞したキンクスの歌の世界のように、お母さんがピアノを弾きはじめると家族がみんな集まって来て歌をうたう……みたいな世界である。

そしてジャガーXタイプは新しいばかりではなく、そんな旧き良きイギリスをも受け継いでいるように見えた。

三日目、ようやく晴れた。

カントリーロードでの撮影を終えたぼくらは、モーターウェイでロンドンに入る。よく、パリはフランスではない、と言うが、ロンドンもパリほどではないにせよイギリスのなかで突出している。

少し前のロンドンは、煤に汚れ暗く、高い失業率に喘いでいた。最初にロンドンに来たのは一九八〇年だった。ストーンズ・ツアーを観るためだったのだが、ミック・ジャガーが「ファッキン・コールド、ロンドン・タウン！」と言っていたのが印象的だった。その日は寒くもあったのだが、当時のロンドンのイメージそのものが「ファッキン・コールド」だったのだ。

だが、リヴァプール以上にロンドンは生まれ変わった。新しいブリティッシュネスを演出するための魔法の言葉、クール・ブリタニアによって見事に生まれ変わったのだ。

クール・ブリタニアという言葉はスローガンであることを超えて、イギリスというものの本質を見事に表現しているのだと思う。旧いが新しい。そういう意味なのではないだろうか。今のロンドンは、まさにクール・ブリタニアの聖地なのである。

ところでイギリスは、ぼくにとってはロック・ミュージックの国だった。ナッシング・バット・ロックンロール。そんな気分で、ずっと生きてきた。Eメールのアドレスも、〈rock@yamaken.com〉

Y247 CDU

Y247 CDU

という。キマッたよな、と自分では思っていた。ところが、外国でメールアドレスとホームページの名前とURLが入った名刺を差し出すと、たいがい笑われる。今回のイギリスでも、何度かそういう場面に出くわした。吹き出されたり、失笑されたり、微笑ましいね、といった感じで彼らは笑うのだ。ホームページのほうは〈BE HAPPY!〉（http://www.yamaken.com/）という。メルアドが「ロック」でホームページが「お幸せに！」なのだから、なんて能天気な奴なんだろうと思われてしまうのだろう。

だがいずれにせよ、十代の頃から、ミック・ジャガーやキース・リチャーズ、ジョン・レノンやピート・タウンゼントや、エリック・クラプトンやレイ・デイヴィス、輝かしいロック・ヒーロー達に憧れながら生きてきた。彼らがインタビューを受けている雑誌は片っ端から読んだ。なんてイカしたことを言うんだろう、と感激したものだ。

何度も読むものだから、内容を覚えてしまう。やがて、ふと気がつくと日常生活のなかで、ヒーロー達のそんな言い回しを真似している自分に気がついたりするのだ。

高校の頃、親父に叱られる。

「おまえは、良心というものについて考えてみたことはあるのか」

「そんなものは、十九世紀に忘れてきちまったぜ」

あるいは、女の子に言われる。

「もう、わたしに飽きたってこと？」

「昨日の新聞なんて、誰も読まないだろうが」

そういう多少シニカルなセンス・オブ・ユーモアを努力して身につけてきた。日本の少年にそんな努力をさせるほど、一九六〇年代末から一九七〇年代にかけてのロックには強い影響力があったのだ。そいつは世界を巻き込み、既成のさまざまな価値や権威をなぎ倒しながら転がり抜けていった。

ところが、である。ロンドンでは別にロック・ヒーローでなくても、タクシーの運転手からパブの店員まで、みんな気が利いた洒落たことを言う。ごく普通のオバチャンまで、ピリッとしたセリフを口にする。まるでミックが運転するタクシーに乗ったり、マリアンヌ・フェイスフルが酒を持ってくるバーに入ったような気分だ。ミックやキースやジョン・レノンは、ロック・ヒーローである前にイギリス人だったんだな、と思った。

イギリスとはブリティッシュネスの固まりなのであり、クール・ブリタニアそのものだ。

なるほどな、とぼくは今思う。ロックもタクシーの運転手もパブの店員も、そしてジャガーXタイプも、みんなクール・ブリタニアなのだ。ぼくが愛してきたものは別にロックだけではなくて、このクール・ブリタニアでありブリティッシュネスというものだったのだ。どうりで、こんなにもジャガーに惚れてしまうわけだ。

ロンドンでは、リチャード・ロジャース設計で一九八六年に建てられたロイズ・オブ・ロンドンの前で撮影が行われた。このビルは、生まれ変わろうとするロンドンの意志の象徴みたいなものだ。ロイズ・オブ・ロンドン以降、金融街であるシティに新しいビルが並びはじめ、ウォーターフロントのドックランドの開発にも加速がかかったのだ。そんなふうに、ロンドンは変貌していった。

ジャガーXタイプは、そんな生まれ変わった新しいロンドンに調和している。ロックのように新しさを吸収し、それでいながらジャガーの名前で呼ばれる様式を守っている。戦前から受け継ぐ様式美を守りながら、だが同時に、前を向き新しいことに挑戦している。

もう一度、ジャガーXタイプのイメージ。

それは、真夏の海から砂浜にあがってきた水に濡れた少年。

少年は、走りはじめたばかりだ。

そんな彼には、新しいロンドンがよく似合う。

ブラッシュアップされ美しく蘇ったロンドンの空の下で、彼はきっと、無限の時の流れを感じ取ろうとしているのだろう。

もしもあなたがロック・フリークで、ジョンやミックやピートが好きならば、Xタイプを乗り回してみるといい。男だろうと女だろうと関係ない。未来を見つめるクルマは、きっとあなたにポジティブなフィーリングをくれるだろう。

2章

ブリティッシュネスと癒しの感覚

S-type

東京に戻ると、Sタイプが待っていてくれた。

さて、この章では君のことを書くよ。しかし、うまく紹介することができるだろうか？　自信はないけど、ベストを尽くすよ。

ジャガーSタイプが発表された時、あるいは東京モーターショーで最初に実物を見た時、そんなに惹かれたわけではない。レトロなジャガーだな、と思う程度だった。フォードのエンジンを積んだ現代のMkⅡ（マーク2）か、と。

ところが、ある時首都高速を走っていたら、前を気になるリアのクルマが走っていた。911をドライブしていたぼくは反射的にスロットルペダルを踏み込み、距離を詰めた。それが、ぼくとSタイプのほんとうの意味での出逢いである。

ミストラルのSタイプは、悠然と走行している。

世の中にこんなイカしたクルマがあったっけ……という感じ。レーンチェンジしてSタイプの前に出て、しばらくルームミラーで彼のフロントを見ながら走る。

ワオッ、最高だ！

ほんと、そんな感じだった。

最初にモーターショーで見た時にはそうでもなかったのに、湾岸高速道路でリアを見た時になんでそうなるのか、自分でもわからない。ひとつだけはっきりしているのは、人間という生き物はデリケートなセンサーを持っていて、頭で理解するのとそのセンサーに引っかかるかどうかは別問題だということだ。

ある時、ある場所で、人は唐突に大切なものと出逢う。

そいつはいきなり、鋭いパルスを大脳に送ってきて、脳内のレセプターがそいつと結合してぼくらはいきなりハイになる。すると「ワオッ、最高だ！」と感じるわけだ。

相手が女の人の場合だって、最初はオフィスで逢いビジネスの話なんぞをしている時には、キレる人で頼りになりそうだな……なんてことしか感じないかもしれない。だが数日後街でバッタリ逢ったりした時、「ワオッ、最高だ！」と感じるかもしれない。

湾岸高速でSタイプに出逢った瞬間、大袈裟なようだがぼくは自分の全存在をかけて彼を理解したのだ。ロックが好きでホラ吹きで、小説というものに二十年以上もの時間を費やしてつき合い、見栄っ張りで冗談が好きで八方美人で女の人には優しく、共にハードルを超えようとする仕事仲間にはシビアで、実は小心翼々としたこの自分という存在のすべてが、Sタイプは最高だと感じたのである。

その段階では、ぼくはまだSタイプのステアリングを握るどころかその肢体に触れたことさえない。だが、そんなことは関係ないのだ。Sタイプをテストした熟練のテストドライバーや、自動車雑誌に試乗記を寄稿した高名な自動車評論家よりも、ぼくはこのクルマのことを理解し愛している。ただし、それはぼくの世界のなかでの話だが。

しかし、レディス&ジェントルメン、ボーイズ&ガールズ。この「ぼくの世界」ほど大切なものが他に存在するだろうか？　ロックンロールの神様に誓ってもいいが、そんなものは絶対に存在しないのだ。ハウリン・ウルフという豪快なブルースマンに〈Sittin' on Top of the World〉という

袖ケ浦300
そ 57-91

ナンバーがある。エリック・クラプトンが在籍していたことで有名なクリームもカヴァーしていたので、知っている人は多いだろう。世界のてっぺんに腰かけて。なんて素晴らしい考え方なのだろう……と高校生の頃のぼくは思ったものだった。

そう、誰もが自分自身の世界のてっぺんに腰かけているべきなのだ。

おれも死ぬまでそうしよう、と当時少年だったぼくは決意したのである。

その決意に従えば、という条件付きではあるが、ぼくはその時世界中の誰よりもジャガーSタイプを理解していたはずだ。

自動車雑誌の「NAVI」に連載ページを持っていることをいいことに、さっそくSタイプを借り出して京都まで行った。夢のような時間であった。Sタイプは、ぼくの期待値を遙かに上回っていた。念のために書き記すが、それは期待していたよりコーナリング性能が良かったとか速かったとか、そういうことではない。だいたいXJより長いホイールベースを持ったSタイプが、ポルシェ911を凌ぐコーナリング性能を持っているはずがないではないか。彼がぼくに与えてくれるエモーションというものが、期待を遙かに超えて素晴らしかったという意味だ。

最初から、彼はぼくを許してくれていた。ジャガーSタイプは、ならず者と言われ小心者と茶化され、その頑固さは何とかならないのかと罵られるこのぼくという四十年を超えるシリアル（継続的）な時間の蓄積を、理解してくれたのだ。

で、東京に戻ってしばらくして、ミストラルのSタイプ（写真は広報車）はぼくの愛車となった。誰にも相談せず、自分一人で買うことを決めた。大切なことを決める時には誰にも相談しないこと。

ぼくはそう決めているのだ。蜜月のはじまりで、そいつは今も続いている。

しかし、自動車好きの友人というのは多いもので、何人もの友人、諸先輩があきれた。似合ってるかもしれないね、と言ってくれたのは小川義文だけだった。いや、ほんとの話。あれはジャガーの皮を被ったフォードだとか、せっかくならXKにすべきだったとか、言いたい放題である。だが、世界のてっぺんに腰かけているぼくにとっては、蛙の面になんとかだ。

SタイプがそのプラットフォームをリンカーンLSと共有しているとか、3リットルのエンジンがフォード製だとか、猫足感に欠けるとか、自動車雑誌ではおよそSタイプを誉める記事を見たことがない。「NAVI」二〇〇一年三月号の〈輸入車ランキング発表！〉でもSタイプは十五位で、「本物を買いなさい」という小見出しがつけられていた。つまり偽物のSタイプではなく、XJかXKシリーズを買いなさいというわけだ。よく出来たクルマではあるが、ジャガーらしさに欠ける、ということなのだろう。

だがそのフォード的なところ、つまりルーズでアメリカンなところもぼくにとっては好ましいのである。Sタイプのもっとも優れているところ。それは、癒しの感覚があるということだ。

Sタイプの癒しとはどんなものか。具体的に書こう。ちょっと長くなるがお許し頂きたい。

あなたはこの文章を、西暦何年に読んで下さっているのだろうか？　ぼくはインターネットも単行本も好きだが、インターネットならテキストデータを公表してわずか数分後に誰かが読んでくれたりする。単行本だとそういうわけにはいかないが、紙の本として残るので、十年以上も前に出版した単行本に対する感想の手紙を頂いたりする。これはメディアとしてどちらが優れているのかと

袖ケ浦300
そ 57-91

いう問題なのではなく、個性の問題だろう。

そしてこれは単行本で、ぼくはこの文章を西暦二〇〇一年九月十二日の深夜に書き記している。ちょうど二十四時間前に、ハイジャックされた旅客機がニューヨークの世界貿易センタービル、南北の両棟に激突した。一時姿を隠していたブッシュ大統領はホワイトハウスに戻り、これはテロを超えた戦争だ、必ず報復する、と述べている。これは善と悪の戦いであり、善である我々は必ず勝利するだろう、と。それが、ついさっきのことだ。

犠牲者は、数千人にのぼるだろうと言われている。

世界は、戦争の恐怖に怯えている。アメリカの軍隊は、アフガニスタンを空爆するのだろうか。湾岸戦争みたいなことがまた起こるのだろうか。あるいは、ヴェトナム戦争みたいにそいつが長期化することはないのだろうか。日本がそれに巻き込まれる恐れはないのだろうか。金融システムが崩壊し、世界を同時恐慌が襲うなんてことになってないだろうか?

ぼくは誰かに殺されたくはないし、誰かを殺したくはない。

ブッシュ大統領は、これは自由のための戦いなのだと言っていた。だけど、最高の自由とは戦争をしないということではないのか。どのような戦争も許してはならないのだ。今日小泉首相が、金額の欄を空欄にした小切手をブッシュに手渡すような発言をしていたけど、そんな馬鹿なことも許してはならない。

ニューヨークにいる弁護士の友達が、ぼくのウェブサイトのBBSに、こんな書き込みをしてくれた。

〈New York にかかる橋もトンネルも閉鎖されて、New York は今孤立している。14丁目から下は、立ち入り禁止で、僕のアパートもほこりまみれだよ。家に帰るまでに3時間もかかったし、ワールドトレードセンターの60階、70階から人の体がばらばらと降って来るのをこの目で見たよ。僕のアパートの窓からは、もうトレードセンターは見えないんだ。店もしまっているし、アフガンへの報復は始まるようだし、メディアは、真珠湾と同等の最悪の事態だと騒いでいる。話を聞いているだけなのと、自分の目で見るのは大違いだぜ。健さんは、戦場に行った事あるかい？　ここは、瓦礫の山でまさに戦場だ。〉

……さて、あなたがこの文章を読んで下さっている時、世界はまだちゃんとしているだろうか。それとも、酷いことになっているのだろうか？

いずれにしても、今の世界を生きていくのはとてもタフなことだ。

正気を保ち、ちゃんと生きていくのはたいへんなことだ。

部屋に一人で籠もっているのがたまらなくなる今日のような日には、ぼくは出かける。ラジオでニュースを聞きながら、意味もなく走り回る。自分の足許が崩れ落ちていくような感覚にとらわれ、だがそんな自分をぼくら一人ひとりが立て直さなければならない。

Sタイプが自分を癒してくれると心から感じるのは、今日のような夜なのだ。

このクルマを購入してから、何度かそんな夜があった。パーキングに止めたクルマのなかで考え事をしているうちに居眠りしてしまい、気がついたら夜が明けていたこともある。

もちろん華やかな夜もあった。

ポルシェやアルファロメオや、素晴らしいクルマは他にもあるだろう。でも今、ぼくにとっては、Sタイプ以上のクルマは存在しない。

Sタイプがドライバーを包み込むあの感じ。

3リッターモデルでも250馬力近くあり、でもその割にはスタート時はゆったりしている。だがそれがイギリス流の気品というものなのかもしれない。レッドゾーンの7000回転域まで実にスムーズに回り、ストレスがない。ジャガーとしては初めてのV6オールアルミ製3リッターエンジンを搭載しているわけだが、このフォードから調達したV6をジャガー風にちゃんとアレンジしていることがよくわかる。

乗り心地はソフトで、XJやデイムラーのオーナー達からは異論が出るかもしれないが、ジャガーネスや猫足感覚はきちんと達成されているとぼくは思う。新しいXタイプに較べれば多少シフトショックを感じるが、それはスロットルペダルの微妙な操作で軽減できる範囲内である。

ただ、パンクした時に初めて気がついたようなものだが、225サイズのタイヤはこういうクルマとしてはやや太いのかもしれない。それで、段差を超える時などガクッと感じることがある。

だがそれも、Sタイプはスポーティなクルマでもあるので、積極的に我慢できる。

Xタイプでぼくが最も素晴らしいと感じたのはステアリング・フィールだが、Sタイプのそれだって負けてはいない。もともと滑らかなステアリング・フィールは伝統的にジャガーの美点のひとつだと思うが、この旧き良き資産はSやXにも生かされている。

つまりそれは、BMWやメルセデスなどのドイツ車のように重くはなく、フォードやキャデラックなどのアメ車のようにフワフワしてもいない。もっともぼくはフォード・フォーカスにも乗っていて、フォーカスのステアリングはスポーツカーみたいだが。

Sタイプのステアリングは速度感応型で、低速では軽く、スピードが上がるにつれて重くなる。そのセッティングが絶妙だ。

スロットルペダルも、よく言えば幅があり、悪く言えばルーズだ。ただこれは、911のようなクルマと比較しての話である。911のコーナリングは、一ミリ単位で踏み分け、微妙なタックインを利用する。僅かに右足の力を抜けば、テールがスライドし、ステアリングを握っているぼくはフロントがインに切れ込んだと感じるわけだ。

ワインディングロードでは、その繰り返しである。

そういう運転が楽しいこともあったし、これからもまた、そんなふうにポルシェを操りたいと思う日だってあるだろう。

だが、たとえば今夜。瓦礫の下には、まだ数千名の人達が埋まっているのだ。

スポーツカーに乗るということは、運転技術を磨き、少しずつ上達するのを目指すってことだろう。今日のような夜、そんな夜が連続して続きそうな気配が色濃く漂う今、だがぼくにはそんな気力はない。極論かもしれないが、クルマの運転なんて安全ならそれでいい。コーナーを攻めたいとも思わない。速くなくていい。洗車するのなんて、週に一度がせいぜいだ。タイヤだけはケチらないつもりだが、余計なパーツに余計な金もかけたくない。ゼロヨン加速？　どうでもいい、そんなものは。今夜は、本気でそう思うのだ。だけど、今でもクルマとは愛し合っていたい。

袖ケ浦300

Sタイプなら、そういうぼくのエゴイズムをすべて受け容れてくれるのだ。ジーンズとTシャツにサンダル履きで、くわえ煙草で近所のコンビニまで買い物に行く。そういう乗り方でもOKだ。

だいたいぼくは、高速道路と雨の日以外は、トラクション・コントロールのスイッチはオフにしてしまう。街中をダラダラ乗っている分には、そのほうがずっとルーズで気分がいいからだ。

もちろん、そういう夜だけではないだろう。音楽だって、ブルースやピンク・フロイドで和みたいこともあれば、ストーンズの〈Jumpin' JacK Flash〉でぶっ飛ばしたいことだってある。そんな〈Jumpin' JacK Flash〉な夜も、Sタイプはやってくれる。無造作にスロットルペダルを踏めば、ガーッと加速する。

V6DOHC（最高出力243PS／6800rpm、最大トルク31・0kgm／4500rpm）エンジンはキーンッという金属質のうなり声を上げ、コーナーでは多少大きめのロールを感じるものの、そこはFR。スポーツ・ドライヴィングもちゃんとこなす。前後の重量配分が、理想的な五〇対五〇なのだ。

ちなみにこのフォードから調達しているオールアルミ製3リッターエンジン以外に、Sタイプにはもうひとつ、XJシリーズに搭載されている4リッターV8（最高出力285PS／6100rpm、最大トルク40・0kgm／4100rpm）を搭載したモデルもある。これは試乗車を借りて乗ったがさすがにトルクが太い。だから出足がいい。どちらも5速ATとの組み合わせで、例のJゲートシフトレバーを採用している。

サスペンションは四輪独立懸架ダブルウィッシュボーンだ。

そういうSタイプの存在を、ぼくは癒しそのものだと感じるのだ。

ジャガーは、たとえばアルファロメオほど派手ではない。ポルシェのように頑固でもない。シトロエンのようにエゴイスティックでもない。だが、「……ではない」と定義することができるばかりで、これこそがジャガーネスだと表現できる言葉を探すのはなかなか難しい。

だが、ぼくはまだそんなに長くないSタイプとのつき合いのなかでそいつを発見した。それは、「子供のような発想」である。

ジャガーネスとは、大人の男のダンディズムを表現するクルマなのだと、ぼくは長らく思ってきた。それは一面的な見方でしかない。子供のような好奇心と探求心。彼は、そいつを内側に秘めているのだ。

だからきっと、飽きることがないのだろう。

ジャガーの創始者、ウィリアム・ライオンズは、きっとそういう男だったのではないかと思う。わかりやすいたとえ方をするなら、ウィリアム・ライオンズはミック・ジャガーのような人だったのではないかと思うのだ。

大人になっても好奇心のかたまりで、フットワークが軽く、子供のように発想した。だからこそSSシリーズのようなフェイクなクルマが誕生したのだし、Sタイプのような……冷静に考えてみれば奇抜な……クルマが誕生したのだろう。

そして今、ぼくはイタリア車のように官能的な愛人なんていらないし、ドイツ車のように頑固一

袖ケ浦300
そ57-91

RPM
KM/H

徹な友人とはちょっと距離を置きたいと思っていて、フランス車のようにエゴイスティックな人とのつき合いは疲れるなと本能的に感じているのだろう。子供のように発想する相棒に励まされながら、自由気儘にルーズに、進歩なんてしなくてもいいからノンビリ日々を過ごしていきたいのである。

Sタイプは子供っぽい発想に貫かれた、奇抜なクルマだ……ということについて書こう。

たとえば、Sタイプは一九五五年発表の2・4以来、実に四十三年振りに投入されるジャガーのコンパクトサルーンである。価格帯を見ても、企業戦略的に明らかにそういう位置づけだ。Sタイプは現代のコンパクトサルーンというコンセプトだから、XJよりひと回り小さくて当然だったわけだ。だというのに、実質的にそのサイズはXJを上回るのである。

実際にリリースされたSタイプはXJシリーズより全長が150㎜短いだけで、全幅は20㎜大きく、ホイールベースも40㎜長い。つまり、結果的にSタイプはXJより大きいわけで、当然のことながらXJよりも広い居住空間を確保している。

車高もジャガーとしては異例に高く、丸いルーフが十分なヘッドクリアランスを実現している。実際、Sタイプに乗り慣れるとたいがいのクルマを「狭いな、これ」と感じる。

こういう子供っぽいチグハグさが、Sタイプを成立させているのではないだろうか。

Sタイプはプラットフォームは親会社であるフォードのリンカーンLSと共用しているが、ボディデザインは五十年代から六十年代にかけての、往年のブリティッシュサルーンを感じさせる仕上がりになっている。丸いヘッドライト、大きな楕円のグリル。さらに下がったテールなどは、誰が見ても過去の引用だ。だが、新しい。

これも、よくよく考えるとチグハグではないか。

時計を一九五〇年代に巻き戻してみよう。

一九五〇年に、XKエンジンを搭載した5シーターの大型サルーン、MkⅤの発展型であるMkⅦが発表された。優雅なプロポーションを持つMkⅦはアメリカで人気を呼び、発表後数ヶ月で受注金額は約三千万ドルに達したと言われる。MkⅦの成功に対して、ウィリアム・ライオンズは一九五六年にナイトの称号を受けることになった。

そして一九五四年には、よりパワフルな190bhpエンジンを搭載したXK120の後継となるXK140が発表される。そして翌一九五五年に、ジャガーの名声をさらに決定づける問題のコンパクトサルーンが発表されたのだ。そいつはモノコックボディを採用した初めてのジャガーで、当初はXKエンジンの2・4リッターバージョンを搭載していた。

だから単にジャガー2・4と呼ばれたのである。ずいぶん素っ気ないネーミングではないか。だがこの2・4こそが、その後改良され、一九五九年には有名なMkⅡに発展したのである。徳大寺有恒氏のMkⅡに何度か乗せてもらったことがあるが、実に優雅である。MkⅡは多くのエンスーがライオンズの最高傑作だと賛美するスポーティなコンパクトサルーンなのだ。

MkⅡはオーディエンスの絶大な支持を受けながら十年間にわたって生産され続け、ジャガーブランドに確固としたポジションを与えた。MkⅡにはディスクブレーキが採用されたが、これは

袖ケ浦300
そ 57-91

ル・マンで数多くの勝利を収めたジャガーのレーシングモデル用に開発されたものだった。

2・4リッターと3・4リッターモデルに加えて、やがて3・8リッター／220bhpのモデルがラインアップされ、このモデルの登場によってジャガーはエグゼクティブカーへと変身していったわけだ。そういう重要なモデルでもある。

SタイプはまさにこのMkⅡを再現しようと企図されたのではないか。

あるいはそのネーミングからは、六十年代のスポーツサルーンであるSタイプのイメージを彷彿とさせる。このSタイプはMkⅡをベースにリアサスペンションに独立懸架を導入し、リアのデザインをすっきりとさせたモデルである。MkⅡとは兄弟みたいなものか。ひと目で「あ、今のSタイプの親父じゃん！」とわかるスタイルをしている。となると、MkⅡは叔父みたいなものだ。いずれにしても現代のジャガーSタイプは、豪勢な過去を引用しつつ新しさに挑んだ、意欲作なのである。子供のような好奇心がなければ、そんなことはできっこないとぼくは思うのだ。

今のSタイプも何年か経過すればチグハグさが消え、きっと名車の仲間入りをしていることだろう。

ジャガーはSタイプの生産にあたって、四億ポンド（約八百八十億円）を投じてイギリスの生産工場を一新させたのだそうだ。ハンパなことはせず、こいつを磨き抜いていくにちがいない。ファンの一人としてそれを眺めることが、きっとこれからのぼくの大切な楽しみになるのではないか、と今は思っている。

ひどくヘヴィな夜に君のことを書いたよ。自信はないけど、ベストを尽くしたつもりだ。

3章 男達の夢の形

XJ Series

ジャガーの名を聞いて多くの人々が即座に思い浮かべるのは、ＸＪシリーズであるにちがいない。このぼくにしても、そうだ。

六十歳になったらジャガーを買うのだと決める。

それまでに、ジャガーにふさわしい男になっていること。

そんなふうに考える時のジャガーとは、どう考えてもＸＪなのである。ぼくの周囲の先輩達にはエンスーが多いが、彼らのほとんどが一度や二度はＸＪに乗っている。いま持っている人も多い。エンスーが行き着く場所というのは、結局ＸＪなのだろうか。

現行のＸＪには、Executive3.2-V8、Executive4.0-V8、Sovereign 4.0-V8、XJR4.0 Supercharged V8が存在する。ＸＪＲ以外は水冷Ｖ型８気筒ＤＯＨＣエンジンを搭載し、ＸＪＲは水冷Ｖ型８気筒ＤＯＨＣスーパーチャージャーを積んでいる。

コノリーレザーシート、ふんだんに使われているウォールナット。それらが調和し、気品のある空間を創り出している。

ナチュラルなステアリング・フィールと、猫足ともマジック・カーペット・ライドも表現されるその乗り心地。まさに、上質の一言に尽きる。

うーん、こいつに惚れちゃう男達が多いんだな、と納得。

これまで、人生と仕事における諸先輩がステアリングを握るＸＪに何度も乗せてもらったことを思い出す。そういや元二輪のＧＰチャンプの片山敬済もＸＪで、何度も送ってもらったっけ。クルマのなかでは、下らない話しかしなかったと思うが。いや、あれはデイムラーのダブルシックスだったのか？　当時はポルシェにしか興味がなかった単純なぼくは、それさえ認識していないのだ。しかし彼らは、こういう世界に身を浸していたのだったか。

ぼくはこの本の取材と称して、すべてのＸＪに試乗させてもらったが、その味わいを書き分ける筆力なんて持ち合わせていない。どれも素晴らしい。強いて言うならば、Executive3.2-V8は鼻先が軽い分だけスポーティな走りが可能だし、Executive4.0-V8はトルクが太いから安心感があり、Sovereign 4.0-V8は重厚でさえある。

そしてXJR4.0 Supercharged V8は、非現実的なクルマだ。スーパーチャージャーで武装したＶ８なんて代物が、果たしてＸＪサルーンのボディに必要だろうか？　答はもちろん「ノー」である。ところが、一度こいつを運転してみると虜になる。２０００ｒｐｍ辺りから過給が効き、グォーンッという感じ。ジャガーはジャガーでも凶暴な野生のジャガーである。

こいつは別物だと考えたほうがいいかもしれない。

もちろん、普段使う分にはＸＪＲのパワーとトルクなど必要はない。だが一度スロットルを踏み込めば……という魅力を、このクルマは持っている。

いずれにせよＸＪは、ＳタイプやＸタイプとは違って、さすがに大人の男の色気というものを感じさせる。ベントレーやロールスロイスとはまた別の、伊達で華奢な空気をＸＪは身に纏っている。

まさに、ジャガーネスとはこれだ。

ＸＪが真ん中に位置し、その左にＳタイプとＸタイプが存在し、右側にＸＫやデイムラーが陣取る。そういう感じだろうか。

5

停
袖ケ浦300
そ 57-89

実は、広報車というものはそんなに長期間借りてはいけないらしいのだが、ぼくはカーニバル（渋い赤）のExecutive4.0-V8を、一カ月も借りてしまったのだ。他のＸＪシリーズにも試乗させてもらったので、合計で二カ月はＸＪシリーズを乗り回していたことになる。その間は、日々の生活をＸＪと共に過ごした。

まだSタイプを購入する前のことだったので、グラグラグラッと心は揺れた。

うーん、SタイプじゃなくていっそのことＸＪにしちまおうかな。でもなあ、六十歳になったらって決めてるしな……うーん。そういう感じだった。ＸＪには男達を虜にしてしまう、ヘロインとかオピウムみたいな魔力があるような気がする。

でも、四十代でＸＪに乗ったら小説の作風が変わってしまうような気がして、やはりSタイプに決めたのだった。

その一カ月は、苦しくも華やかな日々であった。

そうそう、一度雨の日の夜中にトランクにインキーしてしまい、ＪＡＦを呼んだんだったよな。ジャガーＸＪは自動車というものの極北であり、ひとつの頂点である。人類が創り出した、もっとも素晴らしいもののひとつなのである。

ＸＪが誕生したのは、一九六八年である。この年に今日のジャガーサルーンの源流となるＸＪ6サルーンが誕生し、その後三十三年が経過した今も、大きなモデルチェンジを行うことなく生産され続けている。これは、驚異的なことだ。

当時ジャガーが属していたＢＭＨは、経営難に陥っていた。事態を重く見たイギリス政府は、自動車業界の再編を計る。こうしてＢＬＭＣが誕生するわけだ。

ＸＪ６が登場したのはそういう困難な時代であり、このモデルはジャガーにとって起死回生の一打となったわけだ。ＸＪはＭkⅡと並ぶ、ライオンズの傑作であるとぼくは思う。

当初の計画では、ＸＪはＳタイプなどのスモールジャガーの後継モデルと位置づけられていたようだ。だが、結果的には大きくなった。ただ、軽量化が図られている。

一九七二年には、Ｅタイプで定評のあったＶ12ユニットを搭載したＸＪ12が登場。この年、デイムラーバージョンも発表されている。一九七三年にはクーペモデルであるＸＪ６Ｃを発表。一九七五年には惜しまれつつシーンを去って行ったＥタイプに変わるグランドツアラーとして、ＸＪ－Ｓが発表された。ＸＪ－Ｓはエレガントなスタイルを持ち、最高速度１５０ｍｐｈ（約２４０㎞／ｈ）に達した。一九八三年にはＥタイプ以来のオープンカーとなるカブリオレバージョンが登場している。

ぼくはこのＸＪ－Ｓをモデルに小説を書いたことがある。『Cars』という短編連作集に収録した「いつかジャガーに乗る日」というタイトルで、ストーリィはよく覚えていない。ふたりの男が、ジジイになってからではなく今ＸＪ－Ｓに乗ろうと決意する……というような話だったような気がする。

話がそれるが、この短編に限らず、ぼくは自分が書いたほとんどの小説のストーリィを覚えていない。だから誰かと昔の小説の話になると、困る。

RPM
x1000
km/h
SET
CANCEL
SELECT
VOL
AUTO
OFF

「ごめん。それ、ぜんぜん覚えてないんだよね」

相手は、あきれる。

これは記憶力の問題もあるだろうが、一度かつての小説をきれいさっぱり忘れてしまわないと新しいストーリィを思いつかない、という小説家の生理のせいなのではないかと思っている。今度、他の同業者の場合はどうなのか、聞いてみることにしよう。

いずれにしてもこのＸＪ－Ｓは小説にも書いたことだし、好きなクルマの一台である。実は最近、友人の一人が程度のいいＸＪ－Ｓを購入した。ディーラーの人が、言ったそうだ。

「せっかく程度がいいんだから、雨に日には乗らないで下さいね」

彼は、その言いつけを律儀に守っている。

話を戻そう。

一九八〇年代における話題としては、やはり一度国営企業に吸収されていたジャガーが、一九八四年に独立し再び民間の企業に戻ったことだろう。当時の社長だったジョン・イーガンの合理化政策のおかげだと言われている。

そしてヨーロッパでは一九八六年後半に、アメリカでは一九八七年初頭に、新しいＸＪ6が発表された。エンジンは新型ＡＪ6エンジンの2・9リッターバージョンと3・6リッターバージョンで、ＸＪ6とソブリンに搭載し、デイムラーバージョンも用意されたのである。

エンジンから足回りまで、十八年ぶりにすべてが一新されたのだ。

だが、スタイルはかつてのＸＪを踏襲していた。

これは、もちろんＸＪのスタイルがそれまでに広く受け容れられていたという事実もあるのだろうが、一説によれば、既に引退していたウィリアム・ライオンズの意志によるものだそうだ。ウィリアム・ライオンズが最終的にゴーサインを出したままのスタイルでニューモデルは市場に出た、と伝えられている。いい話だ。

それから、もうひとつ。一九八九年にはもの凄いＸＪが出た。ＸＪ２２０だ。トゥートゥエンティと発音する。ポルシェの９５９やフェラーリＦ40のような、スーパースポーツである。当時、一億円ぐらいしたのではないだろうか。２２０という名前は、最高速度時速２２０マイル（約３５０km／h）に因んでいる。

じつはこのＸＪ２２０を常時展示しているギャラリーを、クルマ関係の知人の一人が赤坂ではじめることになった。ギャラリーがオープンしたら、さっそく見に行こうと思っている。

ところが、である。世界を一九八八年のブラックマンデーが象徴する経済恐慌が襲ったのだ。日本でバブルが崩壊したことも、忘れることができない。

ジャガーも経営不振に陥り、とりわけ北米マーケットでの落ち込みがひびいたようだ。ジャガーのブランド・イメージを欲しがったフォードが買収に乗り出し、ジャガーサイドは当初は難色を示したようだが、結局これを了承。一九八九年十一月に、ジャガーはフォード傘下に入った。

一九九〇年代のＸＪシリーズは、一九九三年に発表されたＸＪ６シリーズからスタートした。３・２および４・０リッターエンジンが搭載された。デイムラー・ダブルシックスには新型の６リッター

V12気筒エンジンが採用された。

デイムラー・サルーンのホイールベースを拡大したマジェスティックというフラッグシップモデルも登場した。これは一九九二年に製造が打ち切られたデイムラー・リムジン、DS420の伝統を受け継いだプレステージサルーンだ。あえてこんなモデルまで出したのは「ウッドとレザーのジャガーは健在なのだ」とアピールしたかったからではないだろうか。

この年代のXJはモダンなイメージを演出しているのだろうが、実はぼくは個人的にはあまり好きになれない。ニューモデルを見た時、ちょっとがっかりしたのを覚えている。曲線ではなく直線で構成された平面を多様したデザインが、ジャガーっぽくないからだ。

四角いヘッドライトにも違和感を感じる。

乗ってみれば素晴らしいサルーンなのだろうが、乗る気がしないのだ。俺って案外保守的なのかもな、と自分で思う。

このフラットなボンネットと四角いヘッドライトのジャガーが駐車してある横を、五木寛之氏と通りかかったことがある。ごく自然に足が止まった。

「どうだい、これ?」と五木氏。

「好きじゃないですね。なんか、非人間的な感じがして」

「製造行程を省略して、コストダウンしてるのかな。これなら煎餅焼くみたいにプレスできそうだから。でも、これに乗る気はしないよね」

フォードが余計な口出しをしたのかな、とぼくは考えたものだった。

だが翌一九九四年には二十一世紀戦略の一環として、X300プロジェクトから生まれたニューXJシリーズがデビューする。このモデルは全モデルで、丸目四灯式のヘッドライトが復活したのである。それに伴い、ボンネットのなだらかな稜線も再生。このコンセプトにのっとり、リアのデザインも曲線を取り戻し、美しいラインを描いている。ノーズを滑らかに落とし込んだ結果、フロント・オーバーハングが三センチ伸びている。やっぱりXJはこれでないとなあ、と思うのだ。これで、六十歳になったらジャガー、というあの夢はまだ有効だなと、ぼくは胸を撫で下ろしたものであった。

XJシリーズではないが、伝説的名車Eタイプからちょうど三十五年目の一九九六年十月のジュネーブ・モーターショーで発表されたのがXK8だった。こいつが搭載していたV8が、ジャガーの二十一世紀戦略の中核をなすものだった。

一九九七年十月、XJサルーンはさらなる変貌を遂げる。XK8で有名なV8ユニットがXJシリーズに与えられたのだ。それまでの6気筒も12気筒も、すべてV8になった。ジャガーとフォードが共同開発した、オールアルミのAJ-V8ユニットである。3・2リッターと4・0リッターのノーマル排気のエンジンに加え、375psもの高出力の4・0リッタースーパーチャージドエンジンの3タイプがラインアップされている。

ただし外観は、前のモデルとほとんど見分けがつかないくらいである。X300プロジェクトをそのまま受け継いでいるからだと言われる。これは、変わらなかったと言うよりは、変えなかったと言うべきかもしれない。多くのジャガー・オーナーは、心の奥底ではジャガーが変わることを望

んでいないからだ。

ただ見えない部分では、エンジンばかりではなくサスペンションやボディ剛性などが、飛躍的に進歩している。変速ショックを微塵も感じさせない電子制御5速オートマチックトランスミッションなどは、見事だ。XK8のさまざまなテクノロジーがXJに注ぎ込まれた、と考えるとわかりやすいかもしれない。テクノロジーばかりではなく、シフト回りのデザインなどもXK8譲りなのである。

そして、何台かXJを乗り継いだ人達は、

「このモデルで直進安定性が飛躍的に向上した」と口を揃える。

昔のジャガーは、真っ直ぐ走るのが苦手だったのかね？

大袈裟に発表はしないにせよ、ジャガーに限らずヨーロッパのクルマは年式によって少しずつ手直しされ、新しい味つけがされているものだ。だが基本的には、このモデルが直接今のモデルへと繋がっていることになる。

そしてこの時に、直列6気筒とV型12気筒は消え去った。多くのジャガーファンはそれを惜しむが、燃費や排ガスの問題を考慮するなら、それは仕方のないことだろう。

XJで東京を走る時、ぼくはいつも感じていた。ひょっとすると非現実的なのは、スーパーチャージャーで武装したXJRだけではないかもしれないな、と。XJのすべてが、男達の非現実的な夢の体現かもしれないのだ。

前と後ろを絞ったＸＪのルームは、数字で表現されるサイズほど広くはない。メルセデスのＳクラスやＢＭＷの７に較べると、キャビンは狭いと言うべきだろう。いやＳタイプと較べてさえ、広いとは言い難い。ＸＪの後部座席は特別な場所だろうが、実は後部座席のレッグルームだってそんなに広いとは言えないのだ。

さらに、車高が低いためにヘッドクリアランスだって決して良くはない。

それでいながらやけに長いから、パーキングするのはひと苦労である。立体式の駐車場になんて、とうてい入れる気にならない。都内で駐車場を探し、車種を聞かれジャガーだと答えた途端に不動産屋の親父に嫌な顔をされる。

ＸＪは、なぜそうなのか？

それは、パッケージ・デザインをまず考えるというような、ドイツ式の合理性のなかで発想されていないからなのだ。ＸＪはあくまでもスポーティセダンなのであり、こいつを優雅にスポーティに乗り回そうとする時、どちらかと言うと狭いキャビンは心地よさを増してくれるだろう。いや、木と革の香りのするルームでシートに腰かけるだけで、優しさに包まれていくのを感じるだろう。それが、ジャガーの世界というものだ。

たとえば東京のような街でも、そんな非現実的なクルマを乗り回したいと思う人達だけのための存在。それが、ＸＪなのだ。そんなクルマが、基本的なデザインを変更しないまま一九六八年から生産され、支持され続けてきたのである。

東京を走っていると、驚くほどＸＪが多いことに気がつく。息の長いモデルでもあり、ぼくの関

袖ケ浦300
そ 57-89
JAGUAR

心がXJに向いているせいかもしれないが、毎日たくさんのXJとすれ違う。東京に、それだけ非現実的な夢を愛する男達がいるのかと思うと、ほっとする。案外悪い街じゃないな、と思えてくるのである。

サー・ウィリアム・ライオンズが求め続けた理想は、二十一世紀のこの街でも呼吸している。

今や、イギリスの高級車で現役なのはベントレー/ロールスロイスと、ジャガーのふたつだけだ。だがベントレーもロールスロイスもその生産台数には限りがあり、実質的にはジャガーだけがイギリスを代表する高級車を生産していると言ってもいいのではないだろうか。

かつて、三分の一の値段で買えるベントレーという安物イメージで成功したジャガー・カーズは、必死の努力を積み重ねることによって唯一の本物となりベントレーを追い越したと言うべきだ。そして、そんな奇跡を可能にしたのは、XJシリーズが存在したからだ。

さて、そんなXJが、近い将来フルモデルチェンジすると言われている。

これはあくまでも予想に過ぎないが、そのボディスタイルは今のSタイプに近いものになり、ひょっとするとXJという名称もその段階で打ち切られるかもしれない。

時代は、変化し続けている。

ジャガー・カーズが現役の自動車メーカーとして、もっと大きく躍進するためには、それは避けられない選択なのかもしれない。

その時、ぼくはどうするだろうか。Sタイプを手放し、既に完成の域に達したと評価されるXJの最終モデルを購入するだろうか。それとも、ジャガーが提案する新しい夢に賭けてみたいと思うだろうか。いや案外、何度も危機を乗り越えてきたように、ＸＪは今のスタイルのまま存続するかもしれない。

ぼくはその頃、五十歳を超えているだろう。

なんだか憂鬱な気もする。いっそ開き直って楽しめそうな気もする。

いくつになりどんなクルマに乗っていようが俺は俺だ、とも思う。

だが時々、カフェで友人を待っている時などに、ＸＪが通り過ぎるのを眺めたりすると、真剣に考えてしまうのだ。どうしようか、と。

ＸＪに一度も乗らない人生は、やはり、ちょっと淋しいような気がする。それが、今のぼくの本音である。ＸＪ。こいつは男達にとっての夢であるのと同時に、悩みの種でもあるようだ。

4章
限りなく美しいデイムラーの歴史

Daimler

デイムラー・スーパーV8は、ダブルシックスが生産中止となった今、世界で最上の自動車の一台だろう。一九九七年十月に発売が開始されたデイムラー・スーパーV8は、4・0リッタースーパーチャージドV8エンジンを搭載している。

ジャガーの「猫足感覚」ならXJやSタイプでも味わうことができるが、デイムラーが持つテイストを指して人々はマジック・カーペット・ライドと言ってきたのかもしれない。

あるいはデイムラーの静粛性を指す、サイレント・ナイトという言葉もあった。

ホイールベースが延長されたデイムラーは、まさに魔法の絨毯のようだ。それでいながら、最高出力は375ps／6150rpmもあるのだから強力である。ぼくが普段乗っている3・0V6のSタイプは243ps／6800rpmだから、その差は歴然としている。この強力なパワーとトルクを、それこそ魔法のように引き出す電子制御5速オートマチックトランスミッションをはじめ、操縦走行メカニズムは現代の最先端をゆくテクノロジーが結集されている。

まったく、とてつもないクルマである。

デイムラーが設立されてから百年が経過しているが、その名称は、熟練した技法と最新のテクノロジーが融合することにより今もなお輝きを放っている。デイムラーとは不朽の名門なのであり、その独自性は、ジャガーブランドにとって欠かすことのできない個性を主張しているのだと思う。

デイムラー・スーパーV8のボディは大きく、車重は1820kgもある。だが、一度スロットルペダルを踏み込めば猛然と加速していく。その様は、あたかも豪快なスポーツカーみたいである。実際、このエンジンをスポーツカーのXKRも搭載しているのだ。

たとえばエマージェンシーの時に英国王室のＶＩＰを守るために、こいつはこんなふうに加速するのだろうな、などと考えてみる。

「これがデイムラーというものか」

ステアリングを握ったぼくはため息をついた。

世の中にはたとえばポルシェ・ボクスターやミニのようなクルマもあるわけで、その落差に目眩がしそうである。小学生の作文みたいな感想だが、世界にはいろんな自動車があるものだ。

ステアリングの中央にはジャガーがガオッと吠えるあのマークではなく、〈Ｄ〉のエンブレムがある。また、時計はアナログで、この文字盤に白い文字で〈Daimler〉と記されている。

首都高を走り、お台場へ行ってみた。

メーター類は、ウォルナットの中に配置されており非常に視認性が良い。

ウォルナットはメーター回りだけではなくルーム全体を取り囲むように配置されており、これをバーウォルナットパネルと呼ぶ。この木目は途切れることがなく1枚板で作られていることがわかる。きっと、木目の美しさを生かせる部分を熟練した職人が選んでいるのだろう。

レザーでトリムされたシートは、ラッチスタイルのステッチが施されている。

木と革が組み合わされたその室内は、精緻な工芸品のようだ。

スピードメーターは２８０㎞／ｈまでで、タコメーターは６８００ｒｐｍ辺りからがレッドゾーンだ。ま、そういう運転をするクルマでないことはわかっているつもりだが。

シフトはＳタイプやＸタイプと同じ、伝統のＪゲートギアセレクターだ。

Daimler
VALET
A/C
AUTO
Push OFF
REAR
DEF
MODE
CLEAR
ENTER
JAGUAR
RPT
NAV
CD
TAPE
AM-FM
A-MEM
P
R
N
D
2
3
4
S

Jゲートの右側は、セミオートマティック感覚で使用する。ギアセレクターが「D」の位置で5速で走行している時に「4」の位置に入れても、速度が高すぎると4速には変速されない。また、ギアセレクターを「D」に入れるまで5速には変速されない。

キックダウンするとエンジン出力が最大限引き出され、シフトアップも遅れる。

市街地走行、高速走行など、さまざまな運転や道路状況に応じて適切なシフトパターンを自動的に選択してくれるのだ。つまり、デイムラーは自分の運転の癖を読みとるわけで、これはXタイプも同じである。

もちろん、スポーツモードスイッチとトラクションコントロールがついている。

スポーツモードスイッチをオンにして、「後部座席にお乗せした王女様を狙うマシンガンを所持したテロリスト集団に追跡されている」というコンセプトでデイムラーを振り回してみたが、コーナーなどは迫力があって面白い。ま、そういう運転をするクルマでないことは重ね重ねわかっているつもりだが。

デイムラーは高級車中の高級車で、いろんな装備がついている。

キーに付属のボタンを押すと、ヘッドライトが二十五秒間点灯する。リバースパーキングエイドは、後ろを見ないでバックできる装置。いやいや、これは悪い冗談だ。障害物が近づくとセンサーが感知しブザーが知らせてくれる。

雨天感知ワイパー。これは、洗車時にスイッチを切っておかないと、フロントスクリーンに水滴が落ちた瞬間ワイパーが作動してしまう。

シートメモリー。ドアを開けるとビーッと座席が下がり、ステアリングが上がる。イグニッションキーをオンにすると、メモリに記憶された場所にシートとステアリングとサイドミラーが設定される。これを、三名分まで記憶させることが可能だ。

後部座席のシートランバーサポート。タクシー以外あまりクルマの後部座席に乗ることはないぼくのような男でも、その良さはわかる。デイムラーの後部座席は、サクセスした男のための特等席なのだ。

前のシートの背の後ろには、ピクニックトレイがついている。ウッドのトレイだ。誰がつけたのか知らないが、洒落たネーミングだ。サクセスした男の……なんて発想がいかに貧困かということを思い知らされる。

小学生の娘を後ろに乗せてロンドン郊外にドライブ。ジュースをこぼしてもパパは怒らないよ、みたいな世界だろうか。

二、三日乗り回してみてのぼくの感想は、いつもと同じ。

うわっ、これ欲しい！

価格は、千二百九十万円である。ＸＪＲ４・０スーパーチャージドＶ８なら千百万円で、ＸＪＲ４・０を買うくらいならいっそのことデイムラーか。しかし、デイムラーは長いのでパーキングはたいへんだろう。ぼくは、デイムラーのオーナーになった自分を想像する。

ウェストミンスターのデイムラーに破れたジーンズとＴシャツで乗り、中古ギターのショップやコンピュータのパーツショップに乗り付けたりするとキマるだろう。

Super V8

品川300
ね・・97

助手席には髪の長い知的な女性。デイムラーの助手席にギャルはダメで、やっぱり大人の女の人でないと。

紙巻き煙草ではなくシガーをふかし、運転に疲れたらキーを彼女に渡し後部座席に乗る……なんてことをしたら怒られるだろうな。

後部座席に乗るためには、うちの族上がりのマネージャーに技術を磨かせ上品な運転を覚えさせ、少なくとも今の倍は稼がないとダメだろう。いや、「デイムラー絶対似合うよ！」と小川義文をおだてて買わせて、その後ろに乗るという手もある。うん、それが手っ取り早そうだ。

ところで、かの有名なダイムラー・クライスラー（知ってると思うけど、ベンツの会社だよ）とデイムラーと関係があるのかないのか、皆さんご存知でしたか？　関係はある、が正解なのだ。

〈Daimler〉……。それは現存する英国最古の車名である。イギリスの自動車産業の基礎を築いたのはデイムラーであると言っても過言ではないだろう。

しかしなぜ、イギリス車であるデイムラーが、ドイツのダイムラー・クライスラー社のダイムラーと同じような名前なのか。

話は一八九〇年にドイツで開かれた、エンジニアリング関連の博覧会に遡る。

産業革命の熱気に満ちたその博覧会を訪れたイギリスの若き技師フレデリック・リチャード・シムズは、ドイツ人のゴットリーブ・ダイムラーが出展していた単気筒4サイクルエンジンに強い感銘を受けた。そしてわざわざダイムラー工場を訪れるのだ。ゴットリーブとはもちろん、ガソリン自動車を発明して世界の注目を集めていたあのゴットリーブ・ダイムラーだ。

シムズは何度もゴットリーブと会い、イギリスとその植民地におけるダイムラーエンジンの製造・販売権を取得したのである。そしてシムズは一八九三年、ロンドンに小型ボートの動力としてダイムラーエンジンを販売するため、デイムラーモーターシンジケートを設立した。

そして一八九六年二月、シムズは資本家のハリー・リチャード・ローソンなどと共にコヴェントリーにイギリス最初の自動車メーカー、デイムラーモーターカンパニーを設立する。この時、エンジンパテント所有者に敬意を表して、ダイムラーを英語読みにした名前を車名に採用したのだそうだ。こうしてデイムラーもダイムラーも今に続くことになった。

フレデリック・リチャード・シムズは、イギリスにおける自動車の父と呼ばれ、歴史にその名前を記すことになった。

ところでデイムラーと言うとイギリス王室のイメージが強いが、デイムラーと王室との関係は、デイムラーの創業期からはじまっている。初めて自動車に乗ったロイヤルファミリーはエドワードⅦ世なのだそうだが、彼が皇太子時代に初の御料車として注文したのがデイムラーだった。一九〇〇年三月二十八日、フーパー社のコーチワークによる6馬力のフェートンが納められた。その影響で、当時のイギリスの上流階級の人々が競ってデイムラーを購入するようになった。

二十世紀になると、デイムラーはヒルクライムレースやスピードレースにも積極的に参加した。シェルスレー・ウォルッシュとブルックランズで開かれた初めてのレースでの勝利は、デイムラーの名声を確かなものとした。さらにカイザー・カップ、ハーコマー・トロフィー、伝説のタルガ・

品川300
ね・・97

フロリオにもエントリーし、いずれも好調な戦績を残している。

エドワード朝時代に自動車はブームになりはじめ、一九一〇年には五十を越えるメーカーがコヴェントリーにひしめき合っていたという。大手のエンジニアリング会社が関心を持つようになり、デイムラーは大手企業のBSAに組み込まれることになる。しかし、この辺りがイギリスのいいところで、デイムラーの自立性と自決権は十分に保たれていた。

この頃になると大手自動車メーカーの大半が量産に移行したのに対し、デイムラーは頑固に昔ながらの流儀、つまり木製もしくは木枠に金属板を張った手作りのボディにこだわったのである。

第一次世界大戦が勃発すると、デイムラーもトラックや飛行機のエンジンの製造を強いられることになった。戦争が終わると、新しいモデルの設計が完成するまでの間、戦前のモデルが生産された。当時、デイムラーに対抗できるメーカーもほとんど存在しなかった。ロールス・ロイスが販売していたのはシルバー・ゴーストだけであり、ベントレーは設立されたばかりだったのだ。

第一次世界大戦が終わったのは一九一八年の十一月である。ジャガーの創始者、ウィリアム・ライオンズは一九二二年生まれだから、まだこの地上に存在さえしていなかったのだ。

デイムラーは一九一九年までに、エドワードⅦ世およびジョージⅤ世の国務のために三十台ものクルマを王室に納め、各国の元首の多くもデイムラーを購入することになった。

デイムラーは、通常は直列6気筒のエンジンを標準仕様としていた。それが一九二六年に、伝説の名車が登場することになる。ローレンス・ポメロイ設計で知られるダブルシックスだ。同一のカムシャフトで動く6気筒エンジン2基をV型に配したこのV12エンジンは、イギリスで製造された最高のエンジンのひとつだろうと今も賛美され続けている。

深夜、ひとりでデイムラー・スーパーＶ８をドライブする。暑かった夏が過ぎ去り、肌寒いくらいの秋がやってきた。

雨が降っている。ひと雨ごとに、東京を包む空気は冷えていくのだろう。

ステアリングの中心に「Ｄ」のエンブレムがついたクルマを二十一世紀の東京で乗り回せること自体、一種の奇跡みたいなものかもしれないとぼくは考えた。

一九五〇年代は、いろいろな意味で二十世紀という時代が大きく転換した時代だった。テレビというものが生まれ、ＤＮＡというものの構造も一九五三年に発見されている。戦争が終わり、人々は死にものぐるいで働き、今日より豊かな明日を夢見た。大量消費社会が到来し、文化は一気に大衆化していった。

自動車というものも、そんな大きな波に洗われることになる。

簡単に言ってしまえば、王室や貴族、一部の金持ち層のための存在だった自動車も、大衆というものをターゲットにせざるを得なくなっていくのだ。デイムラーもまた、例外ではなかった。だがご存知のように、デイムラーは頑固一徹である。王室御料車やリムジンを手がけてきた、という自負もあったろう。デイムラーは品質の頂点を求め、したがってラインを使った大量生産なんてとんでもなかった。相変わらず、職人達が一台ずつ造っていたのだ。

ＢＳＡはそんなデイムラーに敬意を払いつつも、だが現実的にはデイムラーを維持し続けること

ができなくなった。こうしてBSAは、一九六〇年にデイムラーをジャガーに売却することとなる。デイムラーを引き受けるにあたってウィリアム・ライオンズは、英国自動車の父と呼ばれたシムズに最大限の敬意を払っている。具体的には、デイムラーという車名の存続と、製造手法など名門の伝統を継承することを約束したのである。

もはや歴史的な出来事だし、ぼくはその当時の空気を知らないので軽はずみなことは言えないが、デイムラーの買収はジャガーのブランドイメージをアップするのに大きな力となったのではないだろうか。〈ベントレーが三分の一の値段で〉というコピーから想像できる新興勢力としてのジャガーのイメージは、そのベントレーをさえ超える老舗のデイムラーを買収することで一気に高まったのだという気がする。

そしてもちろん、デイムラーはジャガーの力によって新しいクルマとして再生することが可能になった。

ぼくらにも身近なデイムラーということになると、やはり一九七二年に蘇ったダブルシックスではないだろうか。この年、Eタイプで定評のあったV12ユニットを搭載したXJ12が登場した。223㎞／hという最高速度は、4シーターとして世界最速だった。この時、デイムラーバージョンも発表されたのである。

一九七二年は、ウィリアム・ライオンズがスワローサイドカーを興してちょうど五十年目にあたる。そしてこの年、ライオンズは引退した。美とテクノロジーの融合に生涯を捧げた彼は、一九八五年に亡くなる直前まで、クレイモデルや試作車を見続けたと言われる。

一九八六年には新型6気筒AJエンジンを搭載した全く新しいサルーンシリーズが発表されるが、4・0リッターのデイムラーバージョンも引き続き生産された。シリーズⅢのダブルシックスも、一九九二年末まで生産が続けられた。

その間に、大きな出来事があった。ジャガーが、一九八九年にフォードに買収されたのである。それはきっと、かつてデイムラーをジャガーが買収した時と同じような効果を、両社に与えたのではないだろうか。

自動車の歴史というもの、そして自動車会社の歴史というものは、こうして眺めてみると実に面白いなと思う。そこには経済的な側面と、経済だけでは語ることのできない審美眼や意志の力や、さまざまな思惑が垣間見える。

風が立ち波が騒ぎ、デイムラーはデイムラーであり続けてきた。ジャガーもまた、ジャガーであり続けている。名車というのは、不思議なものだ。機械にすぎない自動車のほうが、自らのアイデンティティを保持し続けることを求めているように見える。

ところで、ジャガーというクルマ、とりわけデイムラーのようなクルマがイギリスそのものだとはぼくは思わないのだ。あれはむしろ、イギリス人によって演出されたイギリスなのだと思う。イギリス人によるイギリス批評と言ってもいい。デイムラー・スーパーV8のステアリングを握って夜中の東京を走っているとそんなふうに感じる。

もちろんそこには、過剰なまでにジェントルマンのイギリスを演出したほうが北米や日本でのビジネスにおいて有利だという読みもあるだろう。フォード傘下に入ろうが、事情はまったく同じで

品川300
ね・・97

ある。だがクルマというのは面白いもので、それだけではない。演出であったはずのものが、紛れもない本物になっていく。

美しいクルマは、それだけでフェイクであることを超えていくのだ。

そうした歴史的現在として、デイムラー・スーパーV8は存在している。

そして、そんなリレーを可能にしてきたサー・ウィリアム・ライオンズをはじめとする男達のドラマもまた美しい、とぼくには思えるのである。ジャガーに乗るということは、自分もまたそんなリレーに加わることなのではないだろうか。

5章

現代に蘇ったEタイプ

XKR Coupe

XKRは、もの凄いモデルだ。

まさに、怪物。

いや、ここはやはりビッグ・キャットと言うべきか？

XKRはジャガーが高級サルーンだけではなく、スポーツカーのメーカーでもあったことを誇示するモデルである。XKという二文字のアルファベットは、ジャガー・スポーツの代名詞なのだ。そのXKが復活したのがXK8で、スーパーチャージャー版として一九九九年にリリースされたのがXKRだ。XKRの登場にともない、XK8のほうのラインナップからコンヴァーチブルとクーペスポーツが外された。

一九九六年十月のジュネーブ・モーターショーで発表されたXK8と、このXKRのデザイン上の最大の違いは、グリルがワイアメッシュになったことだろうか。些細な違いだが、こいつが与えるイメージは強烈だ。ボンネットにはルーバーが付き、テールエンドにはリップスポイラーが装着された。戦闘的なマスクである。では、スポーツカーは、何と戦うのか？　それはきっと、ステアリングを握るドライバーが、衰えていこうとする自分のエゴを支えようとしてさまざまなものと戦うのである。社会に飼い慣らされ、さまざまな役割を演じるようになり、言いたいことも言えなくなる。そんな自分をもう一度裸にするためにこそ、多くのスポーツカーは戦闘的なマスクを持っているのだと思う。

XKRは、SS100、XK120、Eタイプに連なる正統的なスポーツカーとしてのパワーと運動性能を持っているばかりではなく、そこはジャガーなので、XJに通じるエレガンスを表現し

ても いる。そこが、他のスポーツカーとの最大の違いだろう。

ところで、ＸＫ８がフォードの傘下に入って初めてのスポーツモデルだっただけに、かえって過剰なくらいジャガーネスを全面に押し出したデザインになっている……と感じるのはぼくだけだろうか。したがってＸＫＲも、ピュアなジャガーネスというものを感じさせる。

ＸＫＲのパワーユニットは、４・０リッターＶ型８気筒ＤＯＨＣ４カム32バルブ、ＡＪ－Ｖ８エンジンにスーパーチャージャーを搭載。最高出力は、なんと３７５ｐｓ／６１５０ｒｐｍである。

ドライヴィング・ポジションは、スポーツカーなのだから当然だが、ごく低い。だがヘッドクリアランスは悪くはなく、かなり背が高い人でも問題ないだろう。木と革で構成されたキャビンスペースは、外観から想像するよりはずっと広い。ただし、リアシートはエマージェンシー用と割り切るべきだ。あるいは、荷物置き場としてこいつがあると、意外に便利である。

シートに腰を埋めると、そこはジャガーの世界だ。

インテリアはフルレザーシートを中心にウッドがふんだんに使われ、カラーコーディネーションも絶妙だ。シートカラーはウォームチャコール、アイボリーカシミア、オートミール、ティールの中から選ぶことができる。

大き目のシートでホールド感はわりとゆったりとしていて、腰かけた瞬間に走り出したくなるようなスポーツカーではない。だからＸＫＲは、ピュアスポーツと言うよりも、スポーティなグランドツアラーと考えたほうがいいのかもしれない。まあ、広義な意味でのスポーツカーという解釈でいいのではないだろうか。

品川300
ね88-54

ホイールとタイヤは、フロントが8J×18インチホイールに245/45/ZR18タイヤ、リアが9J×18インチアロイホイールに255/45/ZR18タイヤの構成だ。美しいダブルファイブアロイホイールとピレリ製超扁平タイヤの組み合わせが、横から見たシルエットを引き締めている。

イグニッションを右に回し、エンジンを始動する。きわめて静粛だ。振動もほとんど感じない。AJ-V8エンジンは、熟成の域に入ってきているのだろう。

シートの右側にあるフライオフ式のサイドブレーキをリリースし、セレクターをDに移動させる。ジャガーというクルマは車種を超えて同じテイストを持つインテリアなので、Sタイプから乗り換えてもそんなに違和感はない。音楽でも聴きながらなんとなくスロットルペダルを踏み込む。すると、もの凄い勢いで加速していく。

「ス、スゲェ……」

それでも、スロットルペダルに加えた右足の力を弱める気はしない。するとXKRは、飛ぶように走っていく。

実は今、このXKRがぼくの手元にある。

昼間ウェブ上の文芸誌の打ち合わせに、渋谷のマークシティにあるオフィスに出かけた。ここでの打ち合わせを終え、デザイナーの女の子を乗せて青山のカフェに小川義文との打ち合わせに出かける。246を、青山方面に向けて走る。

「うぁーすごい、飛んでるみたい」というのが彼女の感想だ。

なんて稚拙な表現だろうと思ったのだが(でも黙っていたが)、こうして文章を書いていると、ぼくもそれ以上の表現を思いつくことができないのだ。

飛んでるみたい、か。なるほどね。これは、なかなか的を射た表現かもしれない。

ポルシェは路面を舐めるように走って行く。それを、オン・ザ・レールと言う。

アルファロメオは華やかな子馬のように、跳ねるように行く。それを、アルファ・ダンスと言う。

だがジャガーXKRは、地上5センチの空間を飛んでいるようだ。そう言えば、マジック・カーペット・ライドと言うではないか。

最大トルクが53・5kgm／3600rpmに達する超越的なパワーが、そう感じさせるのかもしれない。このAJ－V8エンジンは知れば知るほど傑作で、俊敏で繊細なレスポンスが全回転域にわたって得られるのだ。

青山のカフェでコーヒーを飲みながら、ぼくは小川義文にこの本の原稿の進行状況を報告する。すると、彼が言った。

「ただのインプレッションじゃなくてさ、XKRのノーズがなんで長いのかとか、そういう山川さんにしか書けないことを書いて欲しいな」

しばし考え、ぼくは聞き返す。

「XKRのノーズってなんで長いの？」

コーヒーをぷっと吐き出しそうになりながら、小川義文が答える。

「ステアリングを握った時にボンネットが見えるようにだよ。そいつを見ながら、船でクルーズするようにドライヴィングするのが快感なんだよ」

JUNKO SHIMADA
JUNKO SHIMADA
品川300
ね88-54
XKR

「ああ、そうだよね。Eタイプの時代からそうだもんな」

言われてみれば、確かにそうだ。スポーツカーに限らず、素晴らしいクルマというものはフロントグラスの向こうに官能的なまでに滑らかなボンネットの膨らみが見えるものだ。

XKRのずっと向こうで密かに呼吸しているのは、Eタイプである。

ジャガーEタイプ！

それはぼくらの世代の間では、女神の名前に等しかった。実物を見たのは大人になってからだが、雑誌のグラビアで見るそのスポーツカーは、あまりにも美しかった。

この本の資料にするために二玄社の倉庫から借り出した『CG』誌のバックナンバーに、小林彰太郎氏が寄せたEタイプの記事がある。なんと、一九六二年五月号である。ぼくが、まだ小学校三年生の頃の『CG』だ。「ロード・テスト／ジャガーEタイプ　ロードスター」というその文章を、小林氏はこんなふうに書き始めておられる。

〈Eタイプ・テストの前夜、手許にある限りの資料から、その性能について私なりにおおよその見当をつけておいたつもりだったが、実際に操縦してみた結果、すべての点で想像を絶していた事を告白しなければならない。〉

Eタイプ同様、なんと魅力的な書き出しなのだろうか。その先を読まずにはいれらない、という気持ちにさせる文章だ。

読みすすめていくと、Eタイプを少し前のＸＫ１５０や、メルセデスの３００ＳＬと比較検討しているのだから、豪華と言うほかない。当時のEタイプや300SLなんて、宇宙船を借り出してきてインプレッションを書く、というような気分だったのではないだろうか。そんな芸当は、おそらく『CG』誌以外では不可能だっただろう。

一九六〇年代は、やはり自動車の黄金期だったのだ。ぼくは丸三日、仕事を忘れて『CG』誌のバックナンバーに読み耽ってしまった。

さて、XKRに至るジャガーのスポーツカーの歴史を振り返ってみたい。ウィリアム・ライオンズはもともとオートバイ・レーサーだった人で、高級車の名声はモータースポーツを通じて築かれるべきだ、と彼は考えていたからである。

ライオンズの理念の通り、ジャガーはル・マンでの勝利をはじめさまざまなレースで好成績をおさめ、ご存知のように今はF1に参戦している。スポーツカーもまた、ジャガーの重要な歴史なのだ。

ウィリアム・ライオンズはまず、十歳年上のウィリアム・ウォームズレイとスワロー・サイドカー・カンパニーという会社を作る。一九二二年のことだ。これは自動車会社と言うよりはオートバイのサイドカーを作る会社で、スワローというのはウォームズレイが自分のオートバイのために作ったサイドカーの名前だ。

ライオンズはアイディアマンでガッツがあり、ウォームズレイは物を作っていれば幸せ、という人だったようだ。やがて二人は路線の違いから別れてしまうことになるのだが、簡単に言うと、ライオンズがミック・ジャガーのような人でウォームズレイがキース・リチャーズみたいな人だった。

V8
SUPERCHARGED

あるいはライオンズがアップルコンピュータ社のスティーヴ・ジョブズのような人で、ウォームズレイがスティーヴ・ウォズニアックみたいな人だ。

最初にジャガーという名前を考えたのもライオンズだった。一九三五年に105bhpというハイパワーとスタイリッシュなボディを持つ高性能車を開発した時、記念に何かカッコいい名前をつけようと考えたライオンズは、これをSSジャガー2・5と命名したのである。ジャガーの名を持つ初めての車が誕生したわけだ。

スワロー・サイドカー・カンパニーはやがて自動車のコーチビルダーに転身し、だがライオンズはさらに自動車メーカーへの転身を考える。ライオンズはルーフを低くした美しいクルマを造れば絶対に売れると主張し、ウォームズレイは高いルーフでキャビンの広い自動車を造るべきだと考えていた。そんな考え方の違いから、スワロー・サイドカー・カンパニーが自動車会社らしいSSカーズという名称に社名変更した時に、ライオンズに会社の権利をすべて譲ったウォームズレイは去っていくのである。こうして、十四年間に及ぶふたりの友情にはピリオドが打たれることになった。

自動車でもコンピュータでも音楽でも、さらにヴェルレーヌとランボーのケースのように文学でも、この地上に存在する素晴らしいものの背後には人間と人間がぎりぎりまで近づいて戦う、友情の物語が存在するのである。

第二次世界大戦によってSSカーズは自動車生産を一時中断した。そして一九四五年、大戦の終了を機にジャガー・カーズ・リミテッドとして新スタートを切った。SSカーズのままだと、ナチス・ドイツみたいだったからだろう。

実はライオンズは、第二次世界大戦中から密かに新しいエンジンの開発を目指していたと言われる。野心家のライオンズらしいエピソードではないか。ウィリアム・ライオンズやミック・ジャガーやスティーヴ・ジョブズのような人達は一種の天才で、だがペテン師と紙一重のようなところがある。だから人々は、むしろウィリアム・ウォームズレイやキース・リチャーズやスティーヴ・ウォズニアックみたいな人を愛するのだろうが、ぼくは個人的にはライオンズのような人の魅力にどうしても惹かれてしまうのだ。

ウォームズレイが去った後あちこちから有能なエンジニアを引き抜いたライオンズは、直列6気筒エンジン用に最新のDOHC機構を採用し、160bhpのパワーを得ることに成功する。

ぼくは、小説家的な妄想を働かせてしまう。

ある日ライオンズは、チーフエンジニアのウィリアム・ヘインズから報告を受ける。

「できましたよ」

「例のDOHCエンジンが？」

「そうです。160bhpですよ」

ライオンズの顔が、一瞬、輝く。そして彼は、即座に言うのだ。

「こんな凄いエンジンが出来てしまったのだから、いっそのことスポーツカーを作ろう！」

「えっ……」

「次のロンドンのモーターショーまでに完成させるんだ」

ヘインズは、唖然とする。一九四八年のロンドン・モーターショーまで、あと数ヶ月を残すばか

品川300
ね88-55

JAGUAR
品川300
わ88-54

りなのである。

「無茶ですよ。それに、モーターショーにはＭｋⅤを出すことになっているじゃないですか」

ライオンズは、首を左右に振る。ジャガー・カーズがこのモーターショーに出品しようと予定していたＭｋⅤは、戦後すぐのことでもありいささかショボい出来で、これだけだと地味だなとライオンズは考えていたに違いない。

ウィリアム・ライオンズはｉＭａｃを完成させた時のスティーヴ・ジョブズのような指導力を発揮して、わずか数ヶ月間で目的のスポーツカーを完成させてしまう。こうして発表されたこのクルマこそがＸＫ１２０である。ＸＫを名乗るスポーツ・ジャガーの最初の一台であり、戦後初のジャガーのスポーツカーである。

やっつけ仕事だったにもかかわらず、ＸＫ１２０はロンドン・モーターショーの注目を独占した。ＸＫ１２０という呼称はこの車の最高速度に由来するもので、これを疑う人々を納得させるかのように、ちゃんと時速１２５マイル（約２００㎞／ｈ）を記録したのである。

そもそも、最高速度を車名にするというその発想がペテン師と紙一重で、そこがぼくは好きなのだ。

ＸＫエンジンを搭載したモデルは順調にバージョンアップしていき、この流れのなかからＭｋⅡも生まれる。スポーツモデルとしては、一九五七年からＸＫ１５０に量産スポーツカー初のディスクブレーキを採用し、一九五八年にはワインドアップウィンドウを装備したＸＫ１５０のドロップヘッドクーペが発表された。そして、ＸＫはその寿命を終える。

一九六一年三月のジュネーブ・モーターショーを迎え、人々はＸＫスポーツの後継車となるニューモデルの発表を待ちわびていた。発表されるやいなや、そいつは世界中にセンセーションを巻き起こした。あまりにも美しく魅力的なスタイリングを持ち、自動車史における輝く星のひとつとなったＥタイプが発表されたのだ。

Ｅタイプは航空技師のマルコム・セイヤーが、空力学などの知識をもとにデザインしたと言われている。航空機技術が可能にした流体力学を導入し、その結果あの大胆な曲線美が生まれたのである。Ｅタイプの大きなボンネットフードの下には、直列6気筒のＸＫエンジンが収まっていた。Ｅタイプは、いろいろな意味でその後のスポーツカーというものの概念を変えたのだと思う。

Ｅタイプの人気は衰えず、一九七一年にはウォルター・ハッサンが設計したＶ型12気筒エンジンが搭載された。

「神は途方もなく素晴らしいものを英国人に与え給うた」

ドイツ人はそう言って、絹のような滑らかな走行感を持ったこのＶ12エンジンを羨望したと言われる。

一九七五年にＥタイプはＸＪ－Ｓにポジションを譲り、その使命を終えることになる。

ＸＪ－Ｓはエレガントなスタイルで今も人気がある。最高速度１５０ｍｐｈ（約２４０㎞／ｈ）だった。一九八三年には6気筒モデルも登場。３・６リッター、２２５ｂｈｐの性能を誇る新型6気筒エンジンＡＪ6が搭載された。

そしてＥタイプの発表から三十五年経った一九九六年十月のジュネーブ・モーターショーで発表

品川300
ね88-54
品川300
ね88-55

されたのが、ＸＫ８なのである。

深夜の都内をＸＫＲでひと回りして帰ってきたところである。

小雨が降っていたので、ゆっくり流しながら山手通りから原宿へ抜け、赤坂を通り皇居の脇を抜け、銀座まで行って戻って来た。

ぼくは、残念ながらＥタイプに乗ったことはない。だが、誰もがＥタイプを想起せずにはいられないロング・ノーズとショート・デッキのＸＫＲは、やはり二十一世紀のＥタイプなのだという気がする。〈はじめに／かならず二度出逢う自動車〉で紹介したピンク・フロイドの〈Welcome To The Machine〉の主人公である堕落したロックスターはジャガーを愛していた。

ぼくのイメージのなかでは、そのジャガーとはＥタイプだった。ロードスター４・２である。

今なら、「彼」はＸＫＲをドライブするだろう。

誤解されてしまうような言い方かもしれないが、ウィリアム・ライオンズは天才なのかペテン師なのかよくわからないような人で、そんな彼が命名したジャガーという名前も考えてみればいかがわしい。

だからこそジャガーは、かくも華やかなのだ。

どこかにいかがわしさがなければ、華やかな存在にはなり得ない。

イタリア車の華やかさと違い、ジャガーの華やかさは実際に乗ってみないとわからない内面的な華やかさなのだが、だからこそこいつは優しい。

人間でもそうだ。子供の頃から宿題をちゃんとやり、先生の言いつけをきちんと守り思いやりがあり、絶対に不正はしない人というのはいるものだ。大人になると自分の仕事をきちんとこなし、着実に出世していく。そういう人は立派だが、頼りにはならないし友達にもなれないだろう。

宿題をやらない子供は言い訳を考えようと独創的なイマジネーションを働かせ、結果的に先生に嘘をつくことになってしまう。友達をかばうために不正なこともし、そいつをチャラにするためにまた頭を働かせる。大人になってもそういう性癖は変わらず、だが自分が苦労している分だけ相手への思いやりがある。

だが一度本気になれば、もの凄い勢いで走って行く。

彼はいつの間にか華やかさと優しさを身につけ、人々に愛されるようになる。

ジャガーとはそういうクルマなのであり、XKRはそういうジャガーネスが極端に凝縮されたスポーツモデルなのだと思う。

雨が降る東京をゆっくり流しながら、赤信号で止まった時などに、ぼくはステアリングの中央で吠えるジャガーのエンブレムにそっと触れた。そして、なんてインチキ臭くて華やかで頼りになる奴なんだ、とため息をついたものだった。

今、時代はもの凄い勢いで動いている。

デジタルネットワーク、遺伝子改変、急速に悪化していく地球環境。

そういうなかで、ダブルシックスは消えていく運命にあった。スポーツカーという存在も、あるいはジャガーのスポーツタイプも、永久に存在するとは考えられない。

だがぼくらは短いその人生で、Eタイプこそ夢のままでしかなかったが、XKRには乗れるのだ。それは、数少ない幸運のひとつと言うべきではないだろうか。

6章
初秋のコンヴァーチブル
XKR Convertible

午後十一時である。

XKRのコンヴァーチブルでどこかに行こうと思う。そんな〈Jumpin' JacK Flash〉な夜であった。どうせならと思い、ぼくは小川義文に電話した。彼はちょうど仕事を終え、レンジローバーで自宅に向かっているところだった。

「横浜に行こうぜ」と、ぼく。

「えーっ、今から?」

「スポーツ・ドライヴィングってやつを教えてくれよ」

彼は海外取材から戻って来たばかりで、時差ボケがひどくて夜と昼が逆転しているらしく、どうせ眠れないからとやって来た。

ご存知の方も多いと思うが、小川義文は一九八〇年代からパリ=ダカール・ラリーに挑み続けた。九〇、九一年には立松和平とコンビを組んで二年連続挑戦した経験がある。一九九四年はブルーバード510で、ロンドン=シドニー・ラリーに挑戦した。

今はラリー活動からは引退しているが、その運転技術は今も健在で、そんな男が友達で三日に一度は同じクルマに乗っているのだからいつかちゃんとドラテクを教えてもらおうと思っていたのだ。だが、いつもは下らない話ばかりしていてそういうことにならない。

今回はいいチャンスだと思って電話したというわけだ。

レンジで来るなり、想像していた通りのことを彼は言った。

「コンヴァーチブルのほうか。残念だな。おれはクーペのほうが好きなんだよ」

「それは知ってるけどさ、ジャガーのスポーツカーってものは、コンヴァーチブルのほうが先だったんだぜ」

「まあね。でもおれはラリーなんかやってたせいかもしれないけど、ボディ剛性がちゃんとしてないと安心感がないって言うか……」

ブツブツ言っている小川義文にキーを渡し、ぼくは助手席に乗り込んだ。横浜を目指すことにする。渋谷から首都高に乗る。

というわけで、小川義文のスポーツ・ドライヴィング教室のはじまりである。

短い距離をガーッと加速し、レーンチェンジし、前がつかえるとブレーキングする。そのブレーキングが、実にスムーズである。

Lesson.1　まず、速く走ろうと思ったらブレーキの掛け方がいちばん大事だね。単純に言えば、短時間にどれだけタイヤをロックさせないで制動停止距離を短くできるか。これがポイントなんだけど、このポイントをつかむと、非常に早くてスムーズな運転ができるようになる。

なるほど、とぼくは納得。これは基本中の基本だろう。

東京タワーを右に見ながら、ぼくは聞く。

「ブレーキが大事だってのはよくわかるけどさ、具体的にはどうすりゃいいわけよ？　思いっきりペダルを踏めばそれでいいってもんじゃないでしょ」

品川300
ね88-55

小川義文曰く。

ジャガーの場合、Jゲートの左側でシフトダウンしエンジンブレーキを効かせるのとブレーキペダルのコンビネーションで、スムーズにブレーキングできるポイントを感覚的に覚えることが大切である、と。

まあ、これは何度もやって体に覚えさせるしかないだろう。

コーナリングしながら、今度はこんなことをおっしゃる。

Lesson.2　この深く短いブレーキングをして、コーナリングの進入時において同時にハンドルを切り込む。その時点で慣性重量はクルマのコーナリング方向の外側に出る。慣性重量を完全に出し切ることが大事なんだよ。アンダーステアを殺すってことだね。そしたら後はスロットルを踏み込んだまま、ハンドルを戻しながらコーナリングする。そしてコーナリングの立ち上がりのポイントで、ちょうどハンドルが真っ直ぐになっているのが理想的なコーナリングだよ。

このテクニックはその後自分ひとりで何度もやってみて、わかったような気がする。右コーナーなら左前方に、ブレーキングで余計なGを放り投げるような感覚だ。あ、これで大丈夫だ、ということが体感できるようになった。

ブレーキングに関連する、もうひとつの大切なお言葉。

Lesson.3　コーナリングで速く走ろうなんて、絶対に考えないことだね。コーナリングはオン・ザ・レールで正確に。それだけでいいんだよ。コーナリングで多少タイムを縮められたとしても、そんなのコンマ何秒以下の世界だから。それより直線をいかに速く走り、コーナー直前でどうやってスピードを殺すか。それが大事。

了解しました、先生。

小川義文がもう一度言う。

「速く、そして安全に走るためには、スムーズで正確なブレーキングが要求されるんだよ。とにかくこれが上手な運転のコツだね」

「クルマを運転してる時だけは、ロックしちゃいけないんだな。了解！」

羽田空港方面に、右にそれる。

しばらくストレートを走って行くと、また彼が大事なことを言った。

Lesson.4　コーナーに入る時に、普通の人はステアリングを切るのが遅すぎるんだよ。コーナーを回りながらハンドルを切っていく、というのが普通の人の運転。そうすると、慣性重量は進行方向に対してどんどん外側にふくらんでいく。これは実に危険な運転なんだよ。つまり、旋回Gが増幅される。コーナー進入時にアンダーステアを殺して、それからコーナリングに進入して抜けていく、と。これが一番理想的な運転。

品川300
ね88-55
XKR

いくつかのコーナーで、彼は普通の人……つまりぼくのような人のコーナリングと、理想的なコーナリングとを実演してくれる。なるほど、両者はあきらかに異なる。理想的なコーナリングの場合、確かに彼がステアリングを切りはじめるタイミングはワンテンポ早い。そして僅かに加速しながら、ステアリングはむしろ戻していく。

これを横で見ていると、普通のコーナリングよりもステアリングがあまり動いていないように見える。

この夜ぼくが彼に習ったことのなかでこれがいちばん大事なことで、その後何度も自分で試してみてコツがつかめた気がする。コーナーに入る瞬間には既にブレーキングが終わり、アンダーステアが殺されている状態にする。

不思議なもので、これも何度か練習しているうちにコツはつかめる。

その瞬間からステアリングを切りはじめ……すると心理的には「切りすぎたかな?」とぼくなどは思う。

で、ほんとうに戻しているのかどうかは判然としないが、僅かに外側にステアリングを戻す感じでコーナリングし、コーナーの出口ではクルマは完全に前を向いているのでスロットルペダルを踏み込めばいいのである。

これが極端になったのがいわゆる四輪ドリフトってやつかと思い聞いてみると、厳しいお言葉が返ってきた。

Lesson.5　ドリフトなんかしても絶対にタイムは縮まらないし、下らないからやらないこと。コーナーはオン・ザ・レール。いいね？

はい、了解。

小川義文が教えてくれたのは、別にジャガーXKRに限らず、すべてのクルマに共通しているテクニックだそうだ。空冷RRのポルシェ911やFFの現行アルファロメオでも、FRのジャガーでも同じ。もちろん厳密に言えばそれぞれのクルマの挙動は違うが、レーサーでもない限り基本的に同じ気持ちでいい、と。

「たとえばRRのポルシェ911のコーナリングについて説明しようか。ポルシェはほんとにスパルタンで、速度も高いし、だからこそいかにフルブレーキできるかっていうのが最大のポイントなんだよね。ぐーって踏む感じだよ。タイヤをロックさせないでさ。あれは完全にリアがヘヴィで、どうしてもフロントが軽い。燃料を満タンにしてれば若干重いけど。ポルシェ911の弱点っていうのは、フロントの接地が弱いってことだよ。つまり前輪のトラクションが不足すること。それを十分にブレーキングすることで、フロントに加重を一気に移動してあげる。すると、フロントのトラクションが十分に得られるようになるわけだよ。ケツを回すとか話があるけど、そんなこと出来るヤツが何人いるんだって話でね。そうじゃなくて、完全に加重を移動して、後はグリップ走法でコーナーを抜けていく。で、立ち上がりでクルマが直進状態になったときに、踏み込む。これが9

11の正しい運転の仕方。ほら、同じでしょ？」

なるほど。

そう言えば……と、ぼくはあることを思い出した。

免許を取り立ての頃、逆ハンというのがよくわからなかった。左に曲がる時になんで右にハンドル切らなきゃならなんだよ、と思ったわけだ。

すると、友達が教えてくれた。おまえだってコーナーでヤバイと思った時、ちょっとずつハンドルを切ってることがあるだろう、と。クッ、クッ、クッ、クッと何度かコーナーの外側にハンドルを切ってることがないか、と。

あ、ある、ある。

それも原理的には逆ハンと同じなんだぜ、と教えられた。

この話を小川義文にすると、失礼なことに彼はプッと笑う。

「古い！　それは古いよ。ソーイングって言うんだけどさ。ソーイングは厳密にはカウンターステアとはちょっと違うんだよね。確かに一時的にハンドルを逆に切り込んだときには、カウンターステアと同じ状態にはなるけれど、必ずしもそれはカウンターステアじゃない。つまり俗に言う逆ハンで回ってるのとはニュアンスが違っている。昔は、クルマってものの性能もタイヤの性能もよくなかったから、必ずしもグリップ走法でコーナリングできたわけじゃないんだよね。それでソーイングなんてこともやったんだけど、おれ達が乗ってるのは二十一世紀のジャガーＸＫＲなんだぜ。今はもう一九七〇年代じゃないんだからさ」

はい、はい。

ぼくらは、東神奈川で高速道路を降りた。

近くに、小川義文の昔の友達がやっているジャズバーがあるはずだった。

ほんとうは第三京浜の三沢のランプがいちばん近いのだそうだが、小川義文もずいぶん久しぶりだったのでちょっと迷い、神谷さんに携帯で電話をかけて場所を確認したのだ。クルマ好きが集まる店として横浜ではちょっと有名で、たまにはジャズのライヴもある。名物は、特製ピザである。

〈リベルテ〉のマスターの神谷善一さんが、店の外まで迎えに出て下さった。

神谷さんが、言う。

「ジャガーで来るって言うからさ、Xタイプかと思って楽しみにしてたんだよね。買おうかと思ってこの間見に行って、カタログもらってきたところなんだよ。すごい人出だったよ」

カウンターに腰かけ、ジンジャーエールをオーダーする。ウィルキンソンという銘柄の、ほんとに生姜の味がする辛口のジンジャーエールが出てきた。

店の棚には、いろいろなクルマの模型が並べられている。

神谷さんは筋金入りのエンスーで、客のことも名前や顔ではなく乗って来たクルマで覚えているのだそうだ。

「これ、見て下さいよ」

彼が指さす壁のポラロイドを、ぼくはピンを外して手に取り、カウンターに置いてみる。真っ赤

てあった。

なフェラーリ・モンディアルが夜の闇のなかでこちらにノーズを向けている。ペンで、空欄に記し

〈94・4・9　NAVI特約カメラマン　小川義文氏〉

神谷さんは気になるクルマが来るとポラロイドで写真を撮って、壁に貼るのだそうだ。一九九四年。七年前、小川義文はこの店にフェラーリでやって来たのである。ぼくらはそれ以前に知り合ってはいたのだが、当時はまだ今みたいに頻繁に逢うわけではなかった。

ところでこのフェラーリは、ぼくと彼のもう一冊の自動車の本『僕らに魔法をかけにやってきた自動車』（講談社）の表紙にもなった。

「懐かしいな。その頃、なにしてた？」

うーん、なにをしていたのだったか。そうだ、思い出した。『安息の地』（幻冬舎）という書き下ろしの小説を出したのだ。

当時ぼくは、フィクションを追い越してしまう現実、みたいなことを考えていた。現実に起こった事件のほうが、小説なんかより遙かに凄いのだから。そこで、カポーティの『冷血』に挑むつもりでノンフィクション・ノヴェルを書いてみることにした。……で、雑誌の連載などすべてをやめてこの作品に集中し、金に困って前のポルシェを売った年ではないか。

その時にフェラーリ？　嫌な男である。

この話をすると、小川義文はまたプッと笑い、ぼくの肩を叩く。

「まあ、まあ。おれもさ、フェラーリ買う金はあったんだと思うけど、必ずしも調子はよくなかった

よ。迷ってたと言うか、方向探してたのかな」

いずれにしても、お互いあれから七年間もよく生き延びてきたものだという気がする。お金のことを言っているわけではない。今はただ生きているだけでもたいへんで、もはやサバイバルの時代に突入したと言うべきだ。自己というものを失わずに毎日を過ごすのは、たいへんなことだ。ぼくらはお互いに、まだ小川義文でいられ、山川健一でいられるわれわれの図太い神経に感謝したのであった。

「そういやダブルシックスはこれの後？」

「いや、これの前」

「ダブルシックスってどんなクルマだった？」

「最高のクルマだった。一生乗ってようと思ったんだけどねえ……。そっちは911売った後はどうしたの？」

「スプリント・ザガート」

「ああ、そうか。アルファに行ったんだったね」

それからぼくは横で、マスターの神谷さんと小川義文が昔話するのを聞いていた。

以前、〈リベルテ〉の近所にシーサイド・モーターズがあり、ここはマセラッティやランボルギーニを扱っていたのだそうだ。日曜日になるとカメラをぶら下げた子供達が押し寄せ、〈リベルテ〉のウィンドウに飾っておいたクルマのプラ模型を売ってくれとせがむのだそうだ。

「しょうがないんで売ってあげましたよ。でもそういう子供が多いんで、プラモ作るのがたいへん

品川300
ね88-55
品川300
ね88-54

でね。いっぱい買ってきて、必死で作るんですよ。で、八百円なら八百円、六百円なら六百円で売ってあげたんですよ」

いい話である。

〈リベルテ〉には、シーサイド・モーターズの人もやってきた。店の前に、カウンタックやミウラが止まることになる。それを見に来た子供達があふれる。

その後シーサイド・モーターズはミツワになり、すると今度はポルシェである。

今はミツワも引っ越してしまい、その場所は空き屋になっているのだそうだ。子供達も姿を消した。そう言えば、あの頃スーパーカーというものに憧れた子供達は、どこでどんな大人になっているのだろうか？


ぼくらは店を後にして、横浜の街を走りはじめる。

途中でぼくがステアリングを握り、オープンにする。横浜は、やはり潮の香りが感じられる。

赤信号で止まった時、ショップのウィンドウにXKRが映り込んでいた。

「こうして見るとカッコいいね」と小川義文。

「スポーツカーの歴史ってものは、コンヴァーチブルのほうが長いんだからさ」

「知ってるってば」

「ジャガーのスポーツカーにも当然、代々のモデルにコンヴァーチブルが用意されてたんだからね。って言うかさ、コンヴァーチブルのほうがメインだから、デザイン上は絶対にこっちのほうがしっくりくると思うけどね」

　小川義文が、うなずく。

　イギリス人は自虐的なところのある人達で、コンヴァーチブルというのは実は夏に乗るものではない。冬の寒い時、足下だけを暖めながら乗るものなのだ。それが英国流のダンディズムなのである。初秋、夜の空気は十分冷え込んでいる。本格的なコンヴァーチブルの季節が、まさにはじまろうとしているのだ。

　乾いたエグゾースト・ノートが、冷えた空気を震わせる。やがて、海が見えてきた。ニュー・グランド・ホテルも見える。中華街もすぐ近くである。

　この海が、貿易センタービルを失ったマンハッタンにまで続いているのだ、とふと思った。どんな出来事があろうと、時は流れていく。ぼくらはたとえば、失った七年間と目の前に続いていく七年間のちょうど中間に存在する。

　次の七年が過ぎ去った後も、ぼくはぼくらしくあり続けることができているだろうか？　ヘヴィなことがあり、甘い出来事もあるかもしれないが、少なくとも七年分老いたその時にも、自分らしくあり続けることができているだろうか。

　そんなことを考えたのは、その時ぼくが９１１やフェラーリではなく、あるいはアルファロメオでもなく、ジャガーＸＫＲを運転していたからなのだという気がする。ジャガーというクルマは、そういうことを考えさせるなにかを、きっと持っているのだろう。

　夜が明ける前に高速道路に乗った。

「じゃあ、コーナー進入時においてアンダーステアをどういうふうに消すか。これは何もべつに難しいテクニックじゃなくて……」

行きの道で教わったことを実地にやらされながら、ぼくは都内を目指したのであった。

※〈リベルテ〉　横浜市神奈川区泉町14―6／Ｔｅｌ　０４５―３２１―３４６３

撮影ノート

小川義文

撮影ノート

小川義文

ジャガーという名の車を知ったのは、小学生の四年だったと思う。そのころから車に興味を持ちはじめたのだ。いまでも忘れられないのが、その時好きになった車のネーミングだ。コブラ、ムスタング、スティングレイ、ジャガー、ならべてみるとどれも野生の生きものの名前だ。当時、好きだった車名に共通点があるとは考えてもみなかった。たんなる偶然でしかないが面白い。

共通点は車名だけではない。それぞれのボディにも共通点はあった。スタイリングがグラマーでロングノーズ。この条件を満たしている車だけが好きだった。子供のくせに、自分なりのカッコイイ自動車の定義ができていたのだ。さすがにその頃は、写真家になるなんて想像さえしたことがなかった。いま思うと、その頃から僕の目はカメラアイになっていたのかもしれない。

自分で車を運転できるようになるまでは、車を「美」として捉えていた。車を運転し、所有するようになってからは、車を「心象」として捉えるようになった。スポーツカーとしての美しさ、機能美の追求、見た目の美しさよりも、スポーツカーとしての意味、時代と車との統一的な観点、こんなことが気になりはじめたのだ。それは、僕の撮る自動車写真のコンセプトそのものと言えるのだ。

僕流の「カッコイイ自動車の定義」でジャガーを選ぶと、迷わずEタイプになる。それは大人になったいまでも変わることはない。Eタイプは、いま見てもエレガントだ。フロントフェンダーの曲線を一日眺めていても飽きることはないほどだ。

いま思うと、僕の自動車写真の考え方は、子供の頃にジャガーという車から教わったように感じられる。

ただしそれは、エレガントなEタイプではなかった。ジャガー・マークⅡサルーンなのだ。

僕が生まれ育った家の近所に、よくお世話になった小児科病院があった。小さな個人経営の病院だ。病院の隣は先生の住居になっていて、庭にはいつも車が入っていた。その車がジャガー・マークⅡサルーンだった。ボディカラーはシルバー・メタリックだった。スポーツカー以外の車に興味をもったのは、この車がはじめてなのだ。とにかく気になって仕方がなかった。スポーツカーではないのに、なぜジャガーのマークがついているのだろう？　イギリスという国の車で、排気音もうるさい。お医者さんたちが乗る車なのか？　この車の持つイメージそのものが、子供の僕にはまったく想像できなかった。

ある時、先生に「先生の車ってどんな車なの？」と聞いたことがあった。先生は嬉しそうに「乗せてあげるよ」と言ってくれた。僕のはじめてのジャガー（欧州車）体験だった。

ドアノブを押してみる。重そうなドアは意外にも軽く開いた。助手席に乗り込んでみる。いままでに嗅いだことのない臭いが車室内に充満していた。先生の吸っている葉巻きの臭い、レザーシートの臭い、古い家具の臭い、それらが混ざりあった独特な臭いだった。

「この車の魅力は大人にならないと分からないよ。イギリスの車は日本の車とは違うだろう」と先生は誇らし気に言った。

何が違うのかは、子供の僕にはよくわからなかった。でも、本当に何かが違うということだけは感じとれた。

当時、僕の父は、クラウンの観音開きに乗っていた。僕が比較できるのは父の車だけだった。父は車で遠出するのが好きだった。よくつき合わされたのだ。クラウンの車室内の臭いは、ビニールの臭いがした。三十分も乗っていると気持ち悪くなってしまう。印象はよくなかったのだ。先生のジャガーは、甘い臭いがした。その乗り心地も気持ち悪くなるようなことはなかった。乗っていても何かとても落ちつくような気がした。いま思えば、アンティークのイギリス家具の置いてある応接間にいるような気分だったのだろう。

先生との何度かの近所をひと回りするだけのドライブで、僕の自動車観は大幅に変わることになった。車とそれを所有する人、車とライフスタイル、イギリスの車の魅力、子供の僕にこれだけのことを感じさせてくれたのだから、大人になったいまでもジャガーの魔力から逃れることはできなくなってしまうのも当然かもしれない。

大人になり車を買えるようになってから、いつかはジャガーが欲しいと思ってきた。ちょうど十年前、イギリス車一辺倒になったことがある。それまでドイツ車ばかり乗り継いでいた。あの質実剛健な感じに疲れてしまったのだ。ドイツ車は道具として、これ以上のものはない。いまでもその考えかたに変わりはない。しかし、疲れてしまったのだ。自分自身の生活において、ちょっと遊び心というか、大袈裟な言い方かもしれないが、人生における余裕みたいなものを感じたくなっていた時期だった。

「よしっ、イギリス車に乗り換えるぞっ」

ドイツ車に較べれば故障も多いかもしれない、所有することに苦労させられるかもしれない、でも、潤いのようなものを与えてくれるかもしれない。そう期待して、乗り換える決心をした。どうせなら、所有している車三台ともイギリス車にしてしまおうと徹底した。自分でも嫌になることがあるのだが、子供の頃からこの徹底した性格は変わっていないのである。

その車種は、レンジローバー、モーガン・プラス8、そしてジャガーXJ6・3.2だ。はじめてジャガーのオーナーになったのである。想像していたとおり、毎日のドライブは楽しくなった。潤いも与えてくれた。故障もなかった。問題はない。が、しかし……。

半年ほどXJ6に乗っただろうか、とても気に入っていた。当時、ジャガー・ジャパンの広報担当であった小石原氏から「小川さん、ダブルシックスそろそろ生産中止ですよ」というニュースが入ってきた。

それを聞いた瞬間、このタイミングを逃すともう乗ることはできないと思った。いまどき12気筒エンジンなんて、時代に逆行するようなものだし、今後こんなエンジンを搭載した車は出ないと思ったのだ。すべてのエンジンが効率、環境問題を意識していたのだから。

それでも乗ってみたかった。僕にとってこれ以上のジャガーはないと思ったからだ。ちょっと後ろめたい気持ちもあったが、ダブルシックスに乗ることにした。

二ケ月後にグリーンのダブルシックスが納車された。一生乗り続けようと思った。同時期に自動車評論家の徳大寺有恒氏と岡崎宏司氏もダブルシックスを所有していた。舘内端氏は12気筒のXJ－Sを所有していた。業界ではちょっとしたジャガーブームだったのだ。みんな一生乗り続けると言っていた。自動車のプロフェッショナルが口を揃えて言うのだ。その魅力は計り知れない。

ダブルシックス以上に魅力のあるサルーンを僕は知らない。

二年ほど乗っただろうか。ドライブすることがとても楽しかった。ダブルシックスの車室内で過ごしている時間は、とても気分が癒された。一生乗っていたかった。

自分の生活に潤いを求めたくてジャガーに乗った。しかし、平均燃費二キロの車は、時代にそぐわなかった。それも承知で乗っていたつもりだったが、後ろめたさのようなものを感じてならなかった。自動車と密接な仕事をしていなければ、そうは思わなかったのかもしれない。偶然にも、すでに生産中止になっていたこの車をどうしても譲ってほしいという方がいた。この車も望まれるところへ嫁いでいったほうが幸せだと思い、その方に譲ることにした。

ダブルシックスの最後のロングランは京都へのツーリングだった。旅館に泊まった朝、ダブルシックスに雪が積もっていた。別れを告げながらシャッターをおした。

僕のまわりには、あたりまえのことかもしれないが、多くの車好きがいる。その中でも、いつかはポルシェ、いつかはジャガーと考えている人たちが意外に多い。友人でありこの本の著者である山川健一もSタイプに乗っている。彼もいつかはジャガーに乗るものと決めていた。そのタイミングが今年おとずれたのだ。彼の前の車は911だった。スパルタンから癒しへと変えたのだ。

この本のプロデュースを担当していただいた二玄社の大川悠氏も、いつかはジャガーに乗ろうと思っていた。大川氏は、つねに時代を意識している人だ。Xという新世代のジャガーを長期リポート車に導入し、読者を代表して新しいジャガーの魅力を模索しようというのだ。

僕は、この本の撮影で、ジャガーの生まれ故郷であるイギリスでの撮影を満喫した。東京でも、最新のモデルを撮りおろした。ダブルシックスを手ばなしてから、久しぶりにジャガーと対話できたような気分だった。またジャガーに乗りたくなってきた。

どのジャガーも魅力的だった。ファインダーを覗きながら、僕がこうしてジャガーを撮影できるのも「先生のジャガーに乗せてくれたおかげだよ」と思い続けていた。

撮影ノートにはならなかったかもしれないが、僕はいつもそんなことを考えながらシャッターを切っている。

Daimler
Super V8

●寸法、定員、重量
全長5,150mm　全幅1,800mm　全高1,360mm
乗車定員5[4]名
車両重量1,810[1,830]kg
●エンジン主要諸元
水冷V型8気筒DOHC スーパーチャージャー 3,996cc
最高出力(DIN)　276 kW (375ps) / 6,150r.p.m
最大トルク(DIN)　525 Nm / 3,600r.p.m
●トランスミッション
電子制御5速ATフロアシフトロックアップ機能付
●車両本体価格　¥12,900,000

XK Series
XK8 Coupe Classic / XKR Coupe / XKR Convertible

●寸法、定員、重量
全長4,770mm　全幅1,850mm
全高1,295mm　1,305mm
乗車定員4名
重量1,680 kg　1,710 kg　1,810 kg
●エンジン主要諸元
水冷V型8気筒DOHC 3,996cc
水冷V型8気筒DOHCスーパーチャージャー　3,996cc
最高出力 (DIN)　216kW(294ps) / 6,100r.p.m
276kW(375ps) / 6,150r.p.m
最大トルク(DIN)　393Nm / 4,250r.p.m
525Nm / 3,600r.p.m
●トランスミッション
電子制御5速ATフロアシフトロックアップ機能付
●車両本体価格　¥10,400,000　¥11,200,000　¥13,100,000

r Cars

SPECIFICATIONS

X-TYPE
2.5V6 / 2.5V6SE / 2.5V6Sport / 3.0V6SE

●寸法、定員、重量
全長4685mm　全幅1790mm　全高1420mm
乗車定員5名　車両重量1,620kg
●エンジン主要諸元
水冷V型6気筒DOHC 2494cc 2967cc
最高出力 (DIN) 145kW(198ps) / 6,850r.p.m
172kW(234ps) / 6,800r.p.m
最大トルク(DIN) 244Nm / 3,000r.p.m
284Nm / 3,000r.p.m
●トランスミッション
電子制御5速ATフロアシフトロックアップ機能付
●車両本体価格　¥4,250,000　¥4,750,000
¥4,550,000　¥5,250,000

S-TYPE
3.0V6 / 3.0V6SE / 3.0V6Sport / 4.0V8

●寸法、定員、重量
全長4,880mm　全幅1,820mm　全高1,445mm
乗車定員5名　車両重量1,710kg
●トランスミッション
電子制御5速ATフロアシフトロックアップ機能付
●エンジン主要諸元
水冷V型6気筒DOHC 2,967cc
水冷V型8気筒DOHC 3,996cc
最高出力(DIN) 179kW(243ps)/6,800r.p.m
209kW(285ps)/6,100r.p.m
最大トルク(DIN) 300Nm/4,500r.p.m
390Nm/4,300r.p.m
●トランスミッション
電子制御5速ATフロアシフトロックアップ機能付
●車両本体価格 ¥5,650,000　¥6,200,000
¥6,650,000　¥7,430,000

XJ Series
Executive 3.2-V8 /
Executive 4.0-V8 /
Sovereign 4.0-V8 /
XJR 4.0 Supercharged V8

●寸法、定員、重量
全長5,025mm　5,150mm　5,025mm
全幅1,800 mm　全高1,360 mm
乗車定員5名
車両重量1,730kg　1,740kg　1,760kg　1,770kg
●エンジン主要諸元
水冷V型8気筒DOHC 3,252cc
水冷V型8気筒DOHC スーパーチャージャー 3,996cc
最高出力 (DIN) 179kW(243ps) / 6,350r.p.m
216kW(294ps) / 6,100r.p.m
276kW(375ps) / 6,150r.p.m
最大トルク(DIN) 316Nm / 4,350r.p.m
393Nm / 4,250r.p.m
525Nm / 3,600r.p.m
●トランスミッション
電子制御5速ATフロアシフトロックアップ機能付
●車両本体価格　¥6,900,000　¥7,900,000
¥8,900,000　¥11,100,000

あとがき

本書はわれわれの、真夜中の雑談からスタートした。あっと言う間にプランがまとまり、イギリス取材にまで出かけた。

その過程で、多くの人々のお世話になった。当時ジャガー・ジャパン株式会社広報室に在籍されていた小石原耕作氏、現在の広報室・室長の左近充ひとみさん、マーケティング・PRグループの杉本祐子さん、ジャガー湘南の遠山幸夫氏の存在がなければ取材は不可能だった。また、普段はわれわれの親しい友人である二玄社取締役の大川悠氏が今回はプロジェクトチームのリーダーとして、企画を引っ張ってくださった。デザインを担当してくれたのが笹川寿一氏、編集を担当してくれたのは佐藤朋子さんだ。皆さん、ありがとうございました。

もちろん、本書を手にとって下さった読者の皆さんにも、感謝いたします。

歴史的事実の取材のため、『CG』(二玄社)のバックナンバーとジャガー・ジャパンのウェブサイト(http://www.jaguarcars.com/jp/)を参照させていただきました。

さて、あまりにも楽しい仕事だったので、われわれは既に次の企画を考えている。またお会いできることを願っています。

二〇〇一年十月

山川健一
小川義文

プロフィール　◎山川健一
rock@yamaken.com
作家。1953年生まれ。1977年、「鏡の中のガラスの船」で『群像』新人賞優秀作受賞。著書は100冊を超える。代表作に『水晶の夜』(メディアパル)、『ニュースキャスター』(幻冬舎)など。近刊は『ジーンリッチの復讐』(メディアファクトリー)。自動車を巡る本に『僕らに魔法をかけにやってきた自動車』(講談社)、『快楽のアルファロメオ』(中央公論文庫)などがある。

◎小川義文
ogawa@moon.email.ne.jp
自動車写真の第一人者として活躍。日本雑誌広告賞など多数受賞。写真集に『TOKYO　DAYS』(みずうみ書房)『松任谷由実 SOUTH OF BORDER』(CBSソニー出版)『AutoVision』(セイコーエプソン)他、山川健一との共著『ブリティッシュ・ロックへの旅』(東京書籍)がある。

撮影・佐藤俊幸

ジャガーに逢った日（ジャガーにあったひ）

2001年10月25日初版第一刷発行

著　者　山川健一（やまかわけんいち）=文
小川義文（おがわよしふみ）=写真
発行者　渡邊隆男
発行所　株式会社二玄社
東京都千代田区神田神保町2-2　〒101-8419
営業部　東京都文京区本駒込6-2-1　〒113-0021
http://www.webcg.net/
電　話　03-5359-0511
印刷・製本　図書印刷
ISBN4-544-04075-2